補數法、湊整法、節點法、錯位法……找出正確答題方式，數學不再整天搞事！

# 數貴神速一！

速算大師親授

64招簡忙法則

于雷，張暉 編著

U0087453

連續自然數　三位數加減　幾何圖乘法

聯立方程式　完全立方數　純循環小數

寫數學考卷，看到複雜題組先不要自暴自棄！

1＋1＝2 沒有人會逃避，現在就教你把公式通通容易化！

這麼神奇的算法，為什麼以前老師都沒有教？

# 目錄

# 第三章　乘法速算法

## 第四章　乘方速算法

## 第五章　除法速算法及其他技巧

# 前言

眾所周知，在美國科技重地矽谷，大量從事 IT 行業的工程師來自印度，他們最大的優勢就是數學比別人好，這一切都得益於印度獨特的數學教育法。印度數學的計算方法靈活多樣，不拘一格；它的解題方式總是竅門很多，方法神奇，有別於我們傳統的數學方法，更簡單、更方便。這些巧妙的方法和技巧不但提高了孩子們學習數學的興趣，大幅提升了計算的速度和準確性，而且訓練了他們超強的邏輯思維能力。

印度數學的一些方法比我們一般的計算方法可以快 10～15 倍，學習了印度數學的人能夠在幾秒鐘內口算或心算出三四位數的複雜運算。而且印度數學的方法簡單直接，即使是沒有數學基礎的人也能很快掌握它。它還非常有趣，運算過程就像遊戲一樣令人著迷。

比如，計算 25×25，用我們常規的算法，無非是列出豎式逐位相乘，然後相加。但是用印度數學方法來計算，就非常簡單了，只需看這個數的十位數字，是 2，那麼用 2 乘以比它大 1 的數字 3，得到 6，在它的後面加上 25，則 625 就是 25×25 的結果了。怎麼樣，是不是很神奇呢？這種方法對個位是 5 的相同兩位數相乘都是適用的，大家不妨驗算一下。

本書根據印度數學整理總結了數十種影響了世界幾千年

的速算祕訣，它們不僅可以強化我們加、減、乘、除的運算能力，還包括平方、立方、平方根、立方根、方程式以及神祕奇特的手算法和演算法。改變的不僅是孩子的數學成績，更是孩子的思維方式，讓孩子從一開始就站在一個不一樣的起點上。

中小學學生學習速算的五個理由：

（1）提高運算速度，節省運算時間，提高學習效率。

（2）提高運算的準確率，提高成績。

（3）掌握數學運算的速算思想，探求數字中的規律，發現數字的美妙。

（4）學習速算可以提高大腦的思維能力、快速反應能力、準確的記憶能力。

（5）培養創新意識，養成創新習慣。

本書並非只適合孩子，同樣適合想改變和訓練思維方式的成年人。對幼兒來說，它可以提高他們對數學的興趣，使其愛上數學，喜歡動腦；對學生來說，它可以提高計算的速度和準確性，提高學習成績；對成年人來說，它可以改變我們的思維方式，讓我們在工作和生活中變得出類拔萃、與眾不同。

快讓我們一起進入數學速算的奇妙世界，學習魔法般神奇的速算法吧！

編者

# 第一章　加法速算法

## ● 在格子裡做加法

### 方法

（1）根據要求的數字的位數畫出 $(n+2) \times (n+2)$ 的方格，$n$ 為兩個加數中較大的數的位數。

（2）第一行第一列的位置寫上「＋」，然後在下面的格子裡豎著寫出第一個加數（每個格子寫一個數字，且要保證兩個加數的位數一致。如果不足，將少的前面用 0 補足）。

（3）第二列空著，留給結果進位使用。

（4）從第一行第三列的位置開始橫著寫出第二個加數（每個格子寫一個數字）。

（5）分別將兩個加數的對應各位數字相加，即百位加百位，十位加十位，個位加個位。然後把結果寫在它們交叉的位置上（超過 10 則進位寫在前面一格中）。

（6）將所有結果豎著相加，寫在對應的最後一行上，即為結果（注意進位）。

## 例子

（1）計算 457 ＋ 214 ＝ _____。

如圖 1-1 所示，將 214 寫在第一列加號的下面，457 寫在第一行三至五列。然後將對應位置的數字相加，即 2 ＋ 4 ＝ 6，1 ＋ 5 ＝ 6，4 ＋ 7 ＝ 11，並分別寫在對應的位置上。最後將這三個數字豎向相加，得到 671。

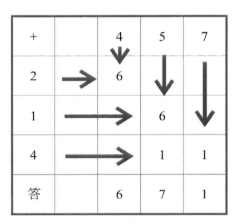

圖　1-1

所以，457 ＋ 214 ＝ 671。

（2）計算 3721 ＋ 1428 ＝ ＿＿＿＿＿＿。

如圖 1-2 所示，將 1428 寫在第一列加號的下面，3721 寫在第一行三至六列。然後將對應位置的數字相加：1＋3＝4，4＋7＝11，2＋2＝4，1＋8＝9，並分別寫在對應的位置上。最後將四個數字豎向相加，得到 5149。

| ＋ | | 3 | 7 | 2 | 1 |
|---|---|---|---|---|---|
| 1 | | 4 | | | |
| 4 | | 1 | 1 | | |
| 2 | | | | 4 | |
| 8 | | | | | 9 |
| 答 | | 5 | 1 | 4 | 9 |

圖　1-2

所以，3721 ＋ 1428 ＝ 5149。

（3）計算 358 ＋ 14 ＝ _____。

如圖 1-3 所示，因為數位不相等，所以在 14 前面加上 0
補足位數。將 014 寫在第一列加號的下面，358 寫在第一行
三至五列。然後將對應位置的數字相加：3 ＋ 0 ＝ 3，1 ＋ 5
＝ 6，4 ＋ 8 ＝ 12，並分別寫在對應的位置上。最後將三個
數字豎向相加，得到 372。

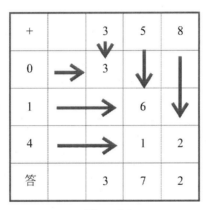

圖　1-3

所以，358 ＋ 14 ＝ 372。

注意：

(1) 前面空一位是為進位考慮，在最高位相加大於 10 時向前
進位。
(2) 兩個加數的位數要一致。如果不同，將位數少的用 0 在數
字前補足。

練習

（1）計算 126 ＋ 671 ＝ _____。

（2）計算 987 ＋ 126 ＝ _____。

（3）計算 1265 ＋ 529 ＝ _____。

（4）計算 465 ＋ 2365 ＝ _____。

（5）計算 3502 ＋ 6545 ＝ _____。

（6）計算 1328 ＋ 7262 ＝ _____。

## ● 巧用補數做加法

　　補數是一個數為了成為某個整十、整百、整千的標準數而需要加的數。一般來說，一個數的補數有 2 個，一個是與其相加得到該位上最大數（9）的數，另一個是與其相加能進到下一位的數（和為 10）。

　　下面，我們來看一下如何用補數來計算加法。

方法

　　（1）在兩個加數中選擇一個數，寫成整十數或者整百數減去一個補數的形式。

　　（2）將整十數或者整百數與另一個加數相加。

　　（3）減去補數即可。

### 例子

（1）計算 498 ＋ 214 ＝ _____。

498 的補數為 2。

$$498 + 214 = (500 - 2) + 214$$
$$= 500 + 214 - 2$$
$$= 714 - 2$$
$$= 712$$

所以，498 ＋ 214 ＝ 712。

（2）計算 4388 ＋ 315 ＝ _____。

4388 的補數為 12。

$$4388 + 315 = (4400 - 12) + 315$$
$$= 4400 + 315 - 12$$
$$= 4715 - 12$$
$$= 4703$$

所以，4388 ＋ 315 ＝ 4703。

（3）計算 89 ＋ 53 ＝ _____。

89 的補數為 11。

$$89 + 53 = (100 - 11) + 53$$
$$= 100 + 53 - 11$$

$$= 153 - 11$$
$$= 142$$

所以，$89 + 53 = 142$。

注意：

(1) 這種方法適用於其中一個加數加上一個比較小、容易計算的補數後可以變為整十數或者整百數的題目。

(2) 做加法一般用的是與其相加後能進到下一位的補數。而另外一種補數，也就是與其相加能夠得到該位上最大數的補數，以後我們會學習到。

練習

（1）計算 $224 + 601 = $ _____。

（2）計算 $497 + 136 = $ _____。

（3）計算 1298 ＋ 291 ＝ _____。

（4）計算 489 ＋ 2223 ＝ _____。

（5）計算 1402 ＋ 2221 ＝ _____。

（6）計算 1298 ＋ 3272 ＝ _____。

## ● 用湊整法做加法

### 方法

（1）在兩個數中選擇一個數，加上或減去一個補數，使它變成一個末尾是 0 的數。

（2）同時在另一個數中，相應地減去或加上這個補數。

### 例子

（1）計算 297 ＋ 514 ＝ _____。

297 的補數為 3。

$$297 + 514 = (297 + 3) + (514 - 3)$$
$$= 300 + 511$$
$$= 811$$
所以，297 ＋ 514 ＝ 811。

（2）計算 308 ＋ 194 ＝ _____。

308 的補數為－ 8。

$$308 + 194 = (308 - 8) + (194 + 8)$$
$$= 300 + 202$$
$$= 502$$

所以，308 ＋ 194 ＝ 502。

（3）計算 2991 + 1452 = _____ 。

2991 的補數為 9。

$$2991 + 1452 = (2991 + 9) +$$
$$(1452 - 9)$$
$$= 3000 + 1443$$
$$= 4443$$

所以，2991 + 1452 = 4443。

注意：

兩個加數要一邊加、一邊減，才能保證結果不變。

練習

（1）計算 902 + 681 = _____ 。

（2）計算 497 + 362 = _____ 。

（3）計算 4198 ＋ 2629 ＝ _____。

（4）計算 2489 ＋ 3256 ＝ _____。

（5）計算 7202 ＋ 1980 ＝ _____。

（6）計算 9298 ＋ 7221 ＝ _____。

## ● 計算連續自然數的和

首先計算從 1 開始的連續自然數的和。

### 方法

將最後一個數與比它大 1 的數相乘，然後除以 2 即可。

### 例子

（1）計算 $1 + 2 + 3 + 4 + 5 + 6 + 7 + 8 = $ ＿＿＿＿＿。

$$8 \times (8 + 1) \div 2 = 36$$

所以，$1 + 2 + 3 + 4 + 5 + 6 + 7 + 8 = 36$。

（2）計算 $1 + 2 + 3 + 4 + \cdots\cdots + 19 + 20 = $ ＿＿＿＿＿。

$$20 \times (20 + 1) \div 2 = 210$$

所以，$1 + 2 + 3 + 4 + \cdots\cdots + 19 + 20 = 210$。

（3）計算 $1 + 2 + 3 + 4 + \cdots\cdots + 99 + 100 = $ ＿＿＿＿＿。

$$100 \times (100 + 1) \div 2 = 5050$$

所以，$1 + 2 + 3 + 4 + \cdots\cdots + 99 + 100 = 5050$。

現在計算任意連續自然數的和。

**方法**

（1）用上面的方法，計算從 1 到最後一個數的和。

（2）計算從 1 到第一個數的前面一個數的和。

（3）上面兩個結果相減即可。

**例子**

（1）計算 $8 + 9 + 10 + 11 + 12 = $ _____。

首先計算 $1 + 2 + 3 + \cdots\cdots + 12$：

$$12 \times (12 + 1) \div 2 = 78$$

再計算 $1 + 2 + 3 + \cdots\cdots + 7$：

$$7 \times (7 + 1) \div 2 = 28$$

兩式的差為

$$78 - 28 = 50$$

所以，$8 + 9 + 10 + 11 + 12 = 50$。

（2）計算 $11 + 12 + 13 + \cdots\cdots + 20 = $ _____。

$$20 \times (20 + 1) \div 2 = 210$$

$$10 \times (10 + 1) \div 2 = 55$$

所以，$11 + 12 + 13 + \cdots\cdots + 20 = 210 - 55 = 155$。

（3）計算 $51 + 52 + 53 + \cdots\cdots + 100 =$ _____ 。

$$100 \times (100 + 1) \div 2 = 5050$$
$$50 \times (50 + 1) \div 2 = 1275$$

所以，$51 + 52 + 53 + \cdots\cdots + 100 = 5050 - 1275 = 3775$。

---

**注意：**

我們發現了以下有意思的規律。
$1 + 2 + 3 + \cdots\cdots + 10 = 55$
$11 + 12 + 13 + \cdots\cdots + 20 = 155$
$21 + 22 + 23 + \cdots\cdots + 30 = 255$
$31 + 32 + 33 + \cdots\cdots + 40 = 355$
$41 + 42 + 43 + \cdots\cdots + 50 = 455$
$51 + 52 + 53 + \cdots\cdots + 60 = 555$
$\cdots\cdots$

---

練習

（1）計算 $1 + 2 + 3 + \cdots\cdots + 199 + 200 =$ _____ 。

（2）計算 18 ＋ 19 ＋ 20 ＋ 21 ＋ 22 ＝ _____。

（3）計算 9 ＋ 10 ＋ 11 ＋ 12 ＋ 13 ＋ 14 ＋ 15 ＝ _____。

（4）計算 50 ＋ 51 ＋……＋ 64 ＋ 65 ＝ _____。

（5）計算 10 ＋ 11 ＋……＋ 31 ＋ 32 ＝ _____。

（6）計算 1 ＋ 2 ＋……＋ 999 ＋ 1000 ＝ _____。

# ● 從左往右算加法

我們做加法的時候，一般都是從右往左計算，這樣方便進位。而在印度，他們都是從左往右計算的。

### 方法

（1）我們以第二個加數是三位數為例。先用第一個加數加上第二個加數的整百數。

（2）用上一步的結果加上第二個加數的整十數。

（3）用上一步的結果加上第二個加數的個位數即可。

### 例子

（1）計算 $48 + 21 =$ _____。

$$48 + 20 = 68$$
$$68 + 1 = 69$$

所以，$48 + 21 = 69$。

（2）計算 $475 + 214 =$ _____。

$$475 + 200 = 675$$
$$675 + 10 = 685$$
$$685 + 4 = 689$$

所以，$475 + 214 = 689$。

（3）計算 $756 + 829 =$ _____。

$$756 + 800 = 1556$$
$$1556 + 20 = 1576$$
$$1576 + 9 = 1585$$

所以，$756 + 829 = 1585$。

注意：

這種方法其實就是把第二個加數分解成容易計算的數。

練習

（1）計算 $24 + 61 =$ _____。

（2）計算 $47 + 36 =$ _____。

（3）計算 128 ＋ 291 ＝ _____。

（4）計算 489 ＋ 223 ＝ _____。

（5）計算 1482 ＋ 2211 ＝ _____。

（6）計算 1248 ＋ 3221 ＝ _____。

## ● 兩位數加法運算

　　如果兩個加數都是兩位數，那麼我們可以把它們分別分解成十位和個位兩部分，然後分別進行計算，最後相加。

### 方法

　　（1）把兩個加數的十位數字相加。

　　（2）把兩個加數的個位數字相加。

　　（3）把前兩步的結果相加，注意進位。

### 例子

　　（1）計算 28 ＋ 31 ＝ ＿＿＿＿＿＿。

$$20 + 30 = 50$$
$$8 + 1 = 9$$
$$50 + 9 = 59$$

　　所以，28 ＋ 31 ＝ 59。

　　（2）計算 75 ＋ 24 ＝ ＿＿＿＿＿＿。

$$70 + 20 = 90$$
$$5 + 4 = 9$$
$$90 + 9 = 99$$

　　所以，75 ＋ 24 ＝ 99。

（3）計算 $56 + 29 =$ ＿＿＿＿。

$$50 + 20 = 70$$
$$6 + 9 = 15$$
$$70 + 15 = 85$$

所以，$56 + 29 = 85$。

練習

（1）計算 $32 + 36 =$ ＿＿＿＿。

（2）計算 $43 + 23 =$ ＿＿＿＿。

（3）計算 $89 + 12 =$ ＿＿＿＿。

（4）計算 49 ＋ 23 ＝ _____。

（5）計算 14 ＋ 82 ＝ _____。

（6）計算 48 ＋ 32 ＝ _____。

## ● 三位數加法運算

如果兩個加數都是三位數，那麼我們可以把它們分別分解成百位、十位和個位三部分，然後分別進行計算，最後相加。

方法

（1）把兩個加數的百位數字相加。

（2）把兩個加數的十位數字相加。

（3）把兩個加數的個位數字相加。

（4）把前三步的結果相加，注意進位。

例子

（1）計算 328 ＋ 321 ＝ _____。

$$300 + 300 = 600$$
$$20 + 20 = 40$$
$$8 + 1 = 9$$
$$600 + 40 + 9 = 649$$

所以，328 ＋ 321 ＝ 649。

（2）計算 175 ＋ 242 ＝ _____。

$$100 + 200 = 300$$
$$70 + 40 = 110$$
$$5 + 2 = 7$$
$$300 + 110 + 7 = 417$$

所以，175 ＋ 242 ＝ 417。

（3）計算 538 ＋ 289 ＝ _____。

$$500 + 200 = 700$$
$$30 + 80 = 110$$
$$8 + 9 = 17$$
$$700 + 110 + 17 = 827$$

所以，$538 + 289 = 827$。

**注意：**

用這種方法還可以做多位數加多位數的運算，並不一定需要兩個加數的位數相等。

**練習**

（1）計算 $132 + 926 =$ _____。

（2）計算 $427 + 363 =$ _____。

（3）計算 212 ＋ 229 ＝ _____。

（4）計算 148 ＋ 423 ＝ _____。

（5）計算 182 ＋ 211 ＝ _____。

（6）計算 232 ＋ 412 ＝ _____。

# 第二章　減法速算法

## ● 巧用補數做減法

前面我們提過：補數是一個數為了成為某個標準數而需要加的數。一般來說，一個數的補數有 2 個，一個是與其相加得到該位上最大數（9）的數，另一個是與其相加能進到下一位的數（和為 10）。

在這裡，我們會用到兩種補數。

方法

只需分別計算出個位上的數字相對於 10 的補數，和其他位上的數字相對於 9 的補數，寫在相應的數字下即可。

例子

（1）計算 1000 － 586 ＝ _____。

$$5 \quad 8 \quad 6$$
$$4 \quad 1 \quad 4$$

所以，1000 － 586 ＝ 414。

（2）計算 100000 － 86572 ＝ _____。

$$8 \quad 6 \quad 5 \quad 7 \quad 2$$
$$1 \quad 3 \quad 4 \quad 2 \quad 8$$

所以，100000 － 86572 = 13428。

（3）計算 1443 － 854 = _____。

先計算出 1000 － 854：

$$
\begin{array}{ccc}
8 & 5 & 4 \\
1 & 4 & 6
\end{array}
$$

所以，1000 － 854 = 146。

$$
\begin{aligned}
1443 - 854 &= 146 + 443 \\
&= 146 + 400 + 40 + 3 \\
&= 589
\end{aligned}
$$

所以，1443 － 854 = 589。

### 練習

（1）計算 1000 － 518 = _____。

（2）計算 10000 － 4894 = _____。

（3）計算 4258 － 524 ＝ _____。

（4）計算 1098 － 465 ＝ _____。

（5）計算 9458 － 684 ＝ _____。

（6）計算 855 － 794 ＝ _____。

## ● 用湊整法算減法

### 方法

將被減數和減數同時加上或者同時減去一個數，使得減數成為一個整數，從而方便計算。

### 例子

（1）計算 $85 - 21 =$ ＿＿＿＿＿。

首先，將被減數和減數同時減去 1，

即被減數變為 $85 - 1 = 84$，

減數變為 $21 - 1 = 20$，

然後，計算 $84 - 20 = 64$，

所以，$85 - 21 = 64$。

（2）計算 $458 - 195 =$ ＿＿＿＿＿。

首先，將被減數和減數同時加上 5，

即被減數變為 $458 + 5 = 463$，

減數變為 $195 + 5 = 200$，

然後，計算 $463 - 200 = 263$，

所以，$458 - 195 = 263$。

（3）計算 $2816 - 911 =$ ＿＿＿＿＿。

首先，將被減數和減數同時減去 11，

即被減數變為 $2816 - 11 = 2805$，

減數變為 $911 - 11 = 900$，

然後，計算 $2805 - 900 = 1905$，

所以，$2816 - 911 = 1905$。

練習

（1）計算 $9458 - 2104 = $ _____。

（2）計算 $4582 - 495 = $ _____。

（3）計算 $428 - 189 = $ _____。

（4）計算 8458 － 2014 ＝ _____。

（5）計算 654 － 411 ＝ _____。

（6）計算 9548 － 4608 ＝ _____。

## ● 從左往右算減法

我們做減法的時候，也跟加法一樣，一般都是從右往左計算，這樣方便借位。而在印度，他們都是從左往右計算的。

方法

（1）我們以減數是三位數為例。先用被減數減去減數的整百數。

（2）用上一步的結果減去減數的整十數。

（3）用上一步的結果減去減數的個位數即可。

例子

（1）計算 458 － 214 = ＿＿＿＿＿。

$$458 － 200 = 258$$
$$258 － 10 = 248$$
$$248 － 4 = 244$$

所以，458 － 214 = 244。

（2）計算 88 － 21 = ＿＿＿＿＿。

$$88 － 20 = 68$$
$$68 － 1 = 67$$

所以，88 － 21 = 67。

（3）計算 9125 － 1186 = ＿＿＿＿＿。

$$9125 － 1000 = 8125$$
$$8125 － 100 = 8025$$
$$8025 － 80 = 7945$$
$$7945 － 6 = 7939$$

所以，9125 － 1186 = 7939。

注意：

這種方法其實就是把減數分解成容易計算的數進行計算。

練習

（1）計算 58 － 21 = _____。

（2）計算 848 － 164 = _____。

（3）計算 856 － 245 = _____。

（4）計算 2648 － 214 = _____。

（5）計算 5128 － 1154 ＝ _____。

（6）計算 43958 － 12614 ＝ _____。

## ● 兩位數減一位數

如果被減數是兩位數，減數是一位數，那我們也可以把它們分別分解成十位和個位兩部分，然後分別進行計算，最後相加。

方法

（1）把被減數分解成十位加個位的形式，把減數分解成10 減去一個數字的形式。

（2）把兩個十位數字相減。

（3）把兩個個位數字相減。

（4）把上兩步的結果相加，注意進位。

## 例子

（1）計算 $22 - 8 = $ _____ 。

首先，把被減數分解成 $20 + 2$ 的形式，減數分解成 $10 - 2$ 的形式，

計算十位：$20 - 10 = 10$，

再計算個位：$2 - (-2) = 4$，

結果是：$10 + 4 = 14$，

所以，$22 - 8 = 14$。

（2）計算 $75 - 4 = $ _____ 。

$$75 = 70 + 5 \text{，} 4 = 10 - 6$$
$$70 - 10 = 60$$
$$5 - (-6) = 11$$
$$60 + 11 = 71$$

所以，$75 - 4 = 71$。

（3）計算 $88 - 9 = $ _____ 。

$$88 = 80 + 8 \text{，} 9 = 10 - 1$$
$$80 - 10 = 70$$
$$8 - (-1) = 9$$
$$70 + 9 = 79$$

所以，$88 - 9 = 79$。

練習

（1）計算 52 － 4 ＝ _____。



（2）計算 87 － 9 ＝ _____。



（3）計算 75 － 7 ＝ _____。



（4）計算 42 － 8 ＝ _____。

（5）計算 63 － 8 ＝ _____。

（6）計算 32 － 9 ＝ _____。

## ● 兩位數減法運算

如果兩個數都是兩位數，那麼我們可以把它們分別分解成十位和個位兩部分，然後分別進行計算，最後相加。

方法

（1）把被減數分解成十位加個位的形式，把減數分解成整十數減去一個數字的形式。

（2）把兩個十位數字相減。

（3）把兩個個位數字相減。

（4）把上兩步的結果相加，注意進位。

## 例子

（1）計算 $62 - 38 = $ ＿＿＿＿＿。

首先把被減數分解成 $60 + 2$ 的形式，減數分解成 $40 - 2$ 的形式，

計算十位：$60 - 40 = 20$，

再計算個位：$2 - (-2) = 4$，

結果是：$20 + 4 = 24$，

所以，$62 - 38 = 24$。

（2）計算 $75 - 24 = $ ＿＿＿＿＿。

$$75 = 70 + 5，24 = 30 - 6$$
$$70 - 30 = 40$$
$$5 - (-6) = 11$$
$$40 + 11 = 51$$

所以，$75 - 24 = 51$。

（3）計算 $96 - 29 = $ ＿＿＿＿＿。

$$96 = 90 + 6，29 = 30 - 1$$
$$90 - 30 = 60$$
$$6 - (-1) = 7$$
$$60 + 7 = 67$$

所以，$96 - 29 = 67$。

練習

（1）計算 58 － 14 ＝ _____。

（2）計算 45 － 21 ＝ _____。

（3）計算 94 － 56 ＝ _____。

（4）計算 85 － 46 ＝ _____。

（5）計算 $58 - 43 = $ _____。

（6）計算 $87 - 39 = $ _____。

## ● 三位數減法運算

方法

（1）把被減數分解成百位加上一個數的形式，把減數分解成百位加上整十數減去一個數的形式。

（2）用被減數的百位減去減數的百位，再減去整十數。

（3）用被減數的剩餘數字與減數所減的數字相加。

（4）把上兩步的結果相加，注意進位。

例子

（1）計算 $512 - 128 = $ _____。

首先把被減數分解成 $500 + 12$ 的形式，減數分解成 $100 + 30 - 2$ 的形式。

計算百位與百位和整十數的差：$500 - 100 - 30 = 370$。

再計算剩餘數字與所減數字的和：$12 + 2 = 14$。

結果是：$370 + 14 = 384$。

所以，$512 - 128 = 384$。

（2）計算 $806 - 174 =$ _____。

$$806 = 800 + 6，174 = 100 + 80 - 6$$
$$800 - 100 - 80 = 620$$
$$6 + 6 = 12$$
$$620 + 12 = 632$$

所以，$806 - 174 = 632$。

（3）計算 $916 - 573 =$ _____。

$$916 = 900 + 16，573 = 500 + 80 - 7$$
$$900 - 500 - 80 = 320$$
$$16 + 7 = 23$$
$$320 + 23 = 343$$

所以，$916 - 573 = 343$。

練習

(1) 計算 528 － 157 = _____。

(2) 計算 469 － 418 = _____。

(3) 計算 694 － 491 = _____。

(4) 計算 382 － 164 = _____。

（5）計算 728 － 409 ＝ _____ 。

（6）計算 485 － 168 ＝ _____ 。

# 第二章 減法速算法

# 第三章　乘法速算法

## ● 用節點法做乘法

### 方法

（1）將乘數畫成向左傾斜的直線，各個數位分別畫對應數量的線。

（2）將被乘數畫成向右傾斜的直線，各個數位分別畫對應數量的線。

（3）兩組直線相交有若干的交點，算出每一列交點的個數和（見圖中橢圓）。

（4）按順序寫出每列相交點的和，即為結果（注意進位）。

### 例子

（1）計算 $112 \times 231 =$ _____。

解法如圖 3-1 所示。

所以，$112 \times 231 = 25872$。

（2）計算 $13 \times 113 =$ _____。

解法如圖 3-2 所示。

所以，$113 \times 13 = 1469$。

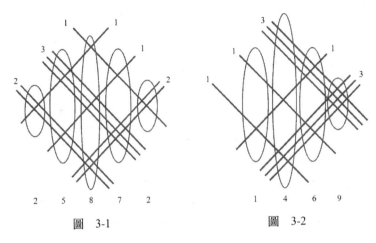

圖 3-1

圖 3-2

（3）計算 $211 \times 123 =$ _____。

解法如圖 3-3 所示。

所以，$211 \times 123 = 25953$。

圖 3-3

練習

（1）計算 $111 \times 111 =$ _____。

（2）計算 $121 \times 212 =$ _____。

（3）計算 $1433 \times 112 =$ _____。

（4）計算 $1321 \times 111 =$ _____。

（5）計算 $113 \times 311 =$ ＿＿＿＿＿＿。

（6）計算 $123 \times 321 =$ ＿＿＿＿＿＿。

## ● 用網格法算乘法

方法

（1）以兩位數乘法為例，把被乘數和乘數分別拆分成整十數和個位數，寫在網格的上方和左方。

（2）對應的數相乘，將乘積寫在格子裡。

（3）將所有格子填滿之後，計算它們的和，即為結果。

例子

（1）計算 $12 \times 13 =$ ＿＿＿＿＿＿，見表 3-1。

表 3-1

| $\times$ | 10 | 2 |
|---|---|---|
| 10 | $10 \times 10 = 100$ | $2 \times 10 = 20$ |
| 3 | $10 \times 3 = 30$ | $2 \times 3 = 6$ |

再把格子裡的四個數字相加：100 ＋ 20 ＋ 30 ＋ 6 ＝ 156。

所以，12×13 ＝ 156。

（2）計算 52×28 ＝ _____，見表 3-2。

表　3-2

| × | 10 | 2 |
|---|---|---|
| 10 | 10×10 ＝ 100 | 2×10 ＝ 20 |
| 3 | 10×3 ＝ 30 | 2×3 ＝ 6 |

再把格子裡的四個數字相加：1000 ＋ 40 ＋ 400 ＋ 16 ＝ 1456。

所以，52×28 ＝ 1456。

（3）計算 22×123 ＝ _____，見表 3-3。

表　3-3

| × | 20 | 2 |
|---|---|---|
| 100 | 20×100 ＝ 2000 | 2×100 ＝ 200 |
| 20 | 20×20 ＝ 400 | 2×20 ＝ 40 |
| 3 | 20×3 ＝ 60 | 2×3 ＝ 6 |

再把格子裡的六個數字相加：2000 ＋ 200 ＋ 400 ＋ 40 ＋ 60 ＋ 6 ＝ 2706。

所以，22×123 ＝ 2706。

（4）計算 586×127 ＝ _____，見表 3-4。

表　3-4

| × | 500 | 80 | 6 |
|---|---|---|---|
| 100 | 500×100 ＝ 50000 | 80×100 ＝ 8000 | 6×100 ＝ 600 |
| 20 | 500×20 ＝ 10000 | 80×20 ＝ 1600 | 6×20 ＝ 120 |
| 7 | 500×7 ＝ 3500 | 80×7 ＝ 560 | 6×7 ＝ 42 |

再把格子裡的九個數字相加：$50000 + 8000 + 600 + 10000 + 1600 + 120 + 3500 + 560 + 42 = 74422$。

所以，$586 \times 127 = 74422$。

注意：

此方法適用於多位數乘法。

練習

（1）計算 $6 \times 48 = $ _____。

（2）計算 $36 \times 57 = $ _____。

（3）計算 $53 \times 749 = $ _____。

（4）計算 625×898 ＝ _____。

（5）計算 3655×138 ＝ _____。

（6）計算 3867×925 ＝ _____。

## ● 在三角格子裡做乘法

方法

（1）把被乘數和乘數分別寫在格子的上方和右方。

（2）對應的數位相乘，將乘積寫在三角格子裡，上面寫十位數字，下面寫個位數字。沒有十位的用 0 補足。

（3）斜線延伸處為幾個三角格子裡的數字的和，這些數字即為乘積中某一位上的數字。

（4）注意進位。

**例子**

（1）計算 5×25 ＝ _____。

如圖 3-4 所示，將 54 和 25 寫在格子的上方和右方，然後分別計算 4×2 ＝ 08，將 0 和 8 分別寫在對應位置的三角格子裡。同理，計算 5×2 ＝ 10，將 1 和 0 寫在對應位置的三角格子裡，再計算 4×5 和 5×5。填滿三角格子以後，在斜線的延伸處計算相應位置數字的和，即千位上的數字為 1，百位上的數字為 2 ＋ 0 ＋ 0 ＝ 2，十位上的數字為 5 ＋ 2 ＋ 8 ＝ 15（需要進位），個位上的數字為 0，所以結果為 1350。

所以，54×25 ＝ 1350。

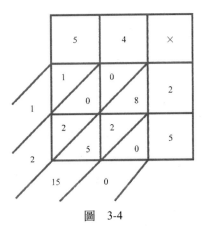

圖　3-4

（2）計算 543×258 ＝ _____。

解法如圖 3-5 所示。

結果為：1　2　19　10　9　4

進位：140094

所以，543×258 ＝ 140094。

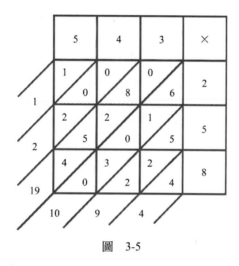

圖　3-5

（3）計算 1024×58 ＝ _____。

解法如圖 3-6 所示。

結果為：5　9　3　9　2

所以，1024×58 ＝ 59392。

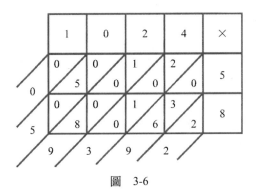

圖 3-6

（2）計算 $35 \times 147 =$ _____。

注意：

此方法適用於多位數乘法。

練習

（1）計算 $17 \times 28 =$ _____。

（3）計算 $159 \times 973 =$ _____。

（4）計算 $835 \times 54 =$ _____。

（5）計算 $1856 \times 27 =$ _____。

（6）計算 $2654 \times 186 =$ _____。

## ● 用四邊形做兩位數乘法

方法

（1）把被乘數和乘數十位上數字的整十數相乘。

（2）交叉相乘，即把被乘數的整十數和乘數個位上的數字相乘，再把乘數中的整十數和被乘數個位上的數字相乘，將兩個結果相加。

（3）把被乘數和乘數個位上的數字相乘。

（4）把前三步所得結果加起來，即為結果。

推導

我們以 $47 \times 32 =$ _____為例，可以畫出圖 3-7。

可以看出，圖 3-7 中的面積分為 $a$、$b$、$c$、$d$ 四個部分，其中 $a$ 部分為被乘數和乘數十位上數字的整十數相乘，$b$ 部分為被乘數個位和乘數中的整十數相乘，$c$ 部分為乘數個位和被乘數中的整十數相乘，$d$ 部分為被乘數和乘數個位上數字相乘，和即為總面積。

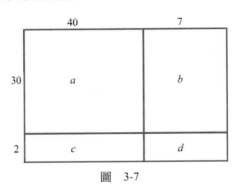

圖　3-7

例子

（1）計算 $39 \times 48 =$ _____。

$$30 \times 40 = 1200$$
$$30 \times 8 + 40 \times 9 = 240 + 360 = 600$$

$$9 \times 8 = 72$$
$$1200 + 600 + 72 = 1872$$

所以，$39 \times 48 = 1872$。

（2）計算 $98 \times 21 = $ _____。

$$90 \times 20 = 1800$$
$$90 \times 1 + 20 \times 8 = 90 + 160 = 250$$
$$8 \times 1 = 8$$
$$1800 + 250 + 8 = 2058$$

所以，$98 \times 21 = 2058$。

（3）計算 $32 \times 17 = $ _____。

$$30 \times 10 = 300$$
$$30 \times 7 + 10 \times 2 = 210 + 20 = 230$$
$$2 \times 7 = 14$$
$$300 + 230 + 14 = 544$$

所以，$32 \times 17 = 544$。

練習

（1）計算 97×47 ＝ _____。

（2）計算 48×74 ＝ _____。

（3）計算 96×87 ＝ _____。

（4）計算 54×33 ＝ _____。

（5）計算 $75 \times 58 =$ ＿＿＿＿＿＿。

（6）計算 $37 \times 65 =$ ＿＿＿＿＿＿。

## ● 用交叉計算法做兩位數乘法

### 方法

（1）用被乘數和乘數的個位上的數字相乘，所得結果的個位數寫在答案的最後一位，十位數作為進位保留。

（2）交叉相乘，將被乘數個位上的數字與乘數十位上的數字相乘，被乘數十位上的數字與乘數個位上的數字相乘，求和後加上上一步中的進位，把結果的個位寫在答案的十位數字上，十位上的數字作為進位保留。

（3）用被乘數和乘數的十位上的數字相乘，加上進位，寫在前兩步所得的結果前面即可。

**推導**

我們假設兩個數字分別為 $ab$ 和 $xy$，用豎式進行計算，得到：

$$
\begin{array}{rr}
a & b \\
x & y \\
\hline
ay & by \\
ax \quad bx & \\
\hline
ax \quad (ay+bx) & / \ by
\end{array}
$$

我們可以把這個結果當成一個兩位數相乘的公式，這種方法將在你以後的學習中經常用到。

如圖 3-8 所示。

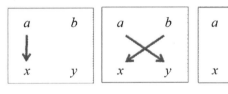

圖　3-8

**例子**

（1）計算 $98 \times 24 =$ ＿＿＿＿＿。

$$
\begin{array}{rr}
9 & 8 \\
2 & 4 \\
\hline
18 \ / \ 36+16 \ / \ 32 \\
18 \ / \ 52 \ / \ 32
\end{array}
$$

進位：進 5、進 3。

結果為：2352。

所以，$98 \times 24 = 2352$。

（2）計算 $35 \times 28 =$ _____。

$$
\begin{array}{r}
3 \quad 5 \\
2 \quad 8 \\
\hline
6 / 24 + 10 / 40 \\
6 / 34 / 40
\end{array}
$$

進位：進 3、進 4。

結果為：980。

所以，$35 \times 28 = 980$。

（3）計算 $93 \times 57 =$ _____。

$$
\begin{array}{r}
9 \quad 3 \\
5 \quad 7 \\
\hline
45 / 63 + 15 / 21 \\
45 / 78 / 21
\end{array}
$$

進位：進 8、進 2。

結果為：5301。

所以，$93 \times 57 = 5301$。

練習

（1）計算 $65 \times 88 =$ ＿＿＿＿＿。

（2）計算 $35 \times 69 =$ ＿＿＿＿＿。

（3）計算 $65 \times 85 =$ ＿＿＿＿＿。

（4）計算 $36 \times 74 =$ ＿＿＿＿＿。

（5）計算 74×25 ＝ _____。

（6）計算 17×74 ＝ _____。

## ● 用錯位法做乘法

本方法與交叉計算法原理是一致的，只是寫法略有不同，大家可以根據自己的喜好選擇。

**方法**

（1）以兩位數相乘為例，將被乘數和乘數的各個位置上的數字分開寫。

（2）將乘數的個位分別與被乘數的個位和十位數字相乘，將所得的結果寫在對應數位的下面。

（3）將乘數的十位分別與被乘數的個位和十位數字相乘，將所得的結果寫在對應數位的下面。

（4）結果中的對應的數位上的數字相加即可。

例子

（1）計算 97×26 ＝ _____。

```
          9   7
     ×    2   6
    ─────────────
          4   2
      5   4
      1   4
  1   8
  ─────────────
  2   4  12   2
```

進位：進 1。

結果為 2522。

所以，97×26 ＝ 2522。

（2）計算 21×18 ＝ _____。

```
          2   1
     ×    1   8
    ─────────────
      8
      1   6
          1
      2
    ─────────────
      3   7   8
```

結果為 378。

所以，21×18 ＝ 378。

（3）計算 $284 \times 149 =$ _____ 。

```
            2   8   4
   ×        1   4   9
   ─────────────────────
                3   6
            7   2
        1   8
            1   6
        3   2
        8
            4
        8
   2
   ─────────────────────
   2  20  22  11   6
```

進位：進 2、進 2、進 1。

結果為 42316。

所以，$284 \times 149 = 42316$。

注意：

(1) 注意對準數位。乘數的某一位與被乘數的各個數位相乘時，結果的數位依次前移一位。

(2) 本方法適用於多位數乘法。

練習

（1）計算 $78 \times 35 =$ ＿＿＿＿＿。

（2）計算 $96 \times 34 =$ ＿＿＿＿＿。

（3）計算 $458 \times 25 =$ ＿＿＿＿＿。

（4）計算 $364 \times 758 =$ ＿＿＿＿＿。

（5）計算 $3115 \times 128 =$ ＿＿＿＿＿＿＿。

（6）計算 $4728 \times 365 =$ ＿＿＿＿＿＿＿。

## ● 用模糊中間數算乘法

有的時候，中間數的選擇並不一定要取標準的中間數（即兩個數的平均數）。為了方便計算，我們還可以取湊整或者平方容易計算的數作為中間數。

方法

（1）找出被乘數和乘數的模糊中間數 $a$（即與相乘的兩個數的中間數最接近並且有利於計算的整數）。

（2）分別確定被乘數和乘數與中間數之間的差 $b$ 和 $c$。

（3）用公式 $(a + b) \times (a + c) = a^2 + a \times (b + c) + b \times c$ 進行計算。

例子

（1）計算 47×38 ＝ _____。

首先找出它們的模糊中間數為 40（與中間數最相近，並容易計算的整數）。另外，分別計算出被乘數和乘數與中間數之間的差為 7 和 － 2。因此，

$$47 \times 38 = (40 + 7) \times (40 - 2)$$
$$= 40^2 + 40 \times (7 - 2) - 7 \times 2$$
$$= 1600 + 200 - 14$$
$$= 1786$$

所以，47×38 ＝ 1786。

（2）計算 72×48 ＝ _____。

首先找出它們的模糊中間數為 50。另外，分別計算出被乘數和乘數與中間數之間的差為 22 和 － 2。因此，

$$72 \times 48 = (50 + 22) \times (50 - 2)$$
$$= 50^2 + 50 \times (22 - 2) - 22 \times 2$$
$$= 2500 + 1000 - 44$$
$$= 3456$$

所以，72×48 ＝ 3456。

（3）計算 $112 \times 98 =$ _____。

首先找出它們的模糊中間數為 100。另外，分別計算出被乘數和乘數與中間數之間的差為 12 和－2。因此，

$$112 \times 98 = (100 + 12) \times (100 - 2)$$
$$= 100^2 + 100 \times (12 - 2) - 12 \times 2$$
$$= 10000 + 1000 - 24$$
$$= 10976$$

所以，$112 \times 98 = 10976$。

練習

（1）計算 $73 \times 68 =$ _____。

（2）計算 $58 \times 65 =$ _____。

（3）計算 $111 \times 97 =$ _____。

（4）計算 $207 \times 199 =$ _____。

（5）計算 $591 \times 608 =$ _____。

（6）計算 $93 \times 110 =$ _____。

## ● 用較小數的平方算乘法

有的時候，我們還可以用較小的那個乘數作為所謂的「中間數」來進行計算，這樣會簡單很多。

### 方法

（1）將被乘數和乘數中較大的數用較小的數加上一個差的形式表示出來。

（2）用公式 $a \times b = (b + c) \times b = b^2 + b \times c$ 進行計算。

### 例子

（1）計算 $48 \times 45 =$ _____。

$$48 \times 45 = (45 + 3) \times 45$$
$$= 45^2 + 3 \times 45$$
$$= 2025 + 135$$
$$= 2160$$

所以，$48 \times 45 = 2160$。

（2）計算 $72 \times 68 =$ _____。

$$72 \times 68 = (68 + 4) \times 68$$
$$= 68^2 + 4 \times 68$$
$$= 4624 + 272$$
$$= 4896$$

所以，$72 \times 68 = 4896$。

（3）計算 $111 \times 105 =$ _____。

$$111 \times 105 = (105 + 6) \times 105$$
$$= 105^2 + 6 \times 105$$
$$= 11025 + 630$$
$$= 11655$$

所以，$111 \times 105 = 11655$。

練習

（1）計算 $79 \times 68 =$ _____。

（2）計算 $98 \times 88 =$ _____。

（3）計算 $127 \times 125 =$ _____。

（4）計算 $207 \times 205 =$ _____。

（5）計算 $691 \times 680 =$ _____。

（6）計算 $295 \times 312 =$ _____。

## ● 用因數分解法算乘法

我們已經知道兩位數的平方如何計算了，有了這個基礎，我們可以運用因數分解法來使某些符合特定規律的乘法轉變成簡單的方式進行計算。這個特定的規律就是：相乘的兩個數之間的差必須為偶數。

### 方法

（1）找出被乘數和乘數的中間數（只有相乘的兩個數之差為偶數，它們才有中間數）。

（2）確定被乘數和乘數與中間數之間的差。

（3）用因數分解法把乘法轉變成平方差的形式進行計算。

### 例子

（1）計算 $17 \times 13 =$ _____。

首先找出它們的中間數為 15（求中間數很簡單，即將兩個數相加除以 2 即可，一般心算即可求出）。另外，計算出被乘數和乘數與中間數之間的差為 2。因此，

$$17 \times 13 = (15 + 2) \times (15 - 2)$$
$$= 15^2 - 2^2$$
$$= 225 - 4$$

$$= 221$$

所以，$17 \times 13 = 221$。

（2）計算 $158 \times 142 = \underline{\hspace{2cm}}$。

首先找出它們的中間數為 150。另外，計算出被乘數和乘數與中間數之間的差為 8。因此，

$$158 \times 142 = (150 + 8) \times (150 - 8)$$
$$= 150^2 - 8^2$$
$$= 22500 - 64$$
$$= 22436$$

所以，$158 \times 142 = 22436$。

（3）計算 $59 \times 87 = \underline{\hspace{2cm}}$。

首先找出它們的中間數為 73。另外，計算出被乘數和乘數與中間數之間的差為 14。因此，

$$59 \times 87 = (73 - 14) \times (73 + 14)$$
$$= 73^2 - 14^2$$
$$= 5329 - 196$$
$$= 5133$$

所以，$59 \times 87 = 5133$。

注意：

被乘數與乘數相差越小，計算越簡單。

練習

（1）計算 $70 \times 76 = $ _____ 。

（2）計算 $58 \times 62 = $ _____ 。

（3）計算 $711 \times 697 = $ _____ 。

（4）計算 $27 \times 35 = $ _____ 。

（5）計算 $171 \times 175 =$ _____。

（6）計算 $583 \times 591 =$ _____。

## ● 將數字分解成容易計算的數字

有的時候，我們還可以把被乘數和乘數都進行分解，使它變為容易計算的數字再進行計算，這個時候要充分利用 5、25、50、100 等數字在計算時的簡便性。

例子

（1）計算 $48 \times 27 =$ _____。

$$48 \times 27 = (40 + 8) \times (25 + 2)$$
$$= 40 \times 25 + 40 \times 2 + 8 \times 25 + 8 \times 2$$
$$= 1000 + 80 + 200 + 16$$
$$= 1296$$

所以，$48 \times 27 = 1296$。

（2）計算 $62 \times 51 = $ _____。

$$62 \times 51 = (60 + 2) \times (50 + 1)$$
$$= 60 \times 50 + 60 \times 1 + 2 \times 50 + 2 \times 1$$
$$= 3000 + 60 + 100 + 2$$
$$= 3162$$

所以，$62 \times 51 = 3162$。

（3）計算 $84 \times 127 = $ _____。

$$84 \times 127 = (80 + 4) \times (125 + 2)$$
$$= 80 \times 125 + 80 \times 2 + 4 \times 125 + 4 \times 2$$
$$= 10000 + 160 + 500 + 8$$
$$= 10668$$

所以，$84 \times 127 = 10668$。

練習

（1）計算 $127 \times 88 = $ _____。

（2）計算 $27 \times 46 =$ _____。

（3）計算 $192 \times 55 =$ _____。

（4）計算 $624 \times 814 =$ _____。

（5）計算 $98 \times 52 =$ _____。

（6）計算 $131 \times 248 =$ _____。

## ● 十位相同個位互補的兩位數相乘

方法

（1）兩個乘數的個位上的數字相乘得數為積的後兩位數字（不足用 0 補）。

（2）十位相乘時按 $N \times (N + 1)$ 的方法進行，得到的積直接寫在個位相乘所得的積前面。

如 $a3 \times a7$，則先得到 $3 \times 7 = 21$，然後計算 $a \times (a + 1)$，放在 21 前面即可。

口訣：一個頭加 1 後，頭乘頭，尾乘尾。

推導

我們以 $63 \times 67 = $ _____ 為例，可以畫出圖 3-9。

如圖 3-9 所示，因為個位數相加為 10，所以可以拼成一個 $a \times (a + 10)$ 的長方形，又因為 $a$ 的個位是 0，所以上面大的長方形面積的後兩位數一定都是 0，加上多出來的那個小長方形的面積，即為結果。

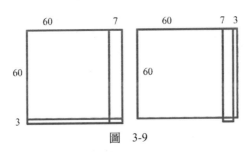

圖 3-9

## 例子

（1）計算 $39 \times 31 =$ ＿＿＿＿＿＿。

$$9 \times 1 = 9$$
$$3 \times (3 + 1) = 12$$

所以，$39 \times 31 = 1209$。

（2）計算 $72 \times 78 =$ ＿＿＿＿＿＿。

$$2 \times 8 = 16$$
$$7 \times (7 + 1) = 56$$

所以，$72 \times 78 = 5616$。

（3）計算 $94 \times 96 =$ ＿＿＿＿＿＿。

$$4 \times 6 = 24$$
$$9 \times (9 + 1) = 90$$

所以，$94 \times 96 = 9024$。

## 練習

（1）計算 $91 \times 99 =$ ＿＿＿＿＿＿。

（2）計算 $38 \times 32 =$ _____。

（3）計算 $43 \times 47 =$ _____。

（4）計算 $85 \times 85 =$ _____。

（5）計算 $62 \times 68 =$ _____。

（6）計算 $96 \times 94 =$ _____。

## ● 個位相同十位互補的兩位數相乘

### 方法

（1）兩個乘數的個位上的數字相乘得數為積的後兩位數字（不足用 0 補）。

（2）兩個乘數的十位上的數字相乘後加上個位上的數字得數為百位和千位數字。

口訣：一個頭加 1 後，頭乘頭，尾乘尾。

### 例子

（1）計算 $93 \times 13 =$ _____。

$$3 \times 3 = 9$$
$$9 \times 1 + 3 = 12$$

所以，$93 \times 13 = 1209$。

（2）計算 $27 \times 87 =$ _____。

$$7 \times 7 = 49$$
$$2 \times 8 + 7 = 23$$

所以，$27 \times 87 = 2349$。

（3）計算 74×34 ＝ ＿＿＿＿＿。

$$4 \times 4 = 16$$
$$7 \times 3 + 4 = 25$$

所以，74×34 ＝ 2516。

練習

（1）計算 95×15 ＝ ＿＿＿＿＿。

（2）計算 37×77 ＝ ＿＿＿＿＿。

（3）計算 21×81 ＝ ＿＿＿＿＿。

（4）計算 $63 \times 43 =$ ＿＿＿＿＿＿。

（5）計算 $28 \times 88 =$ ＿＿＿＿＿＿。

（6）計算 $47 \times 67 =$ ＿＿＿＿＿＿。

## ● 十位數相同的兩位數相乘

方法

（1）把被乘數和乘數十位上數字的整十數相乘。

（2）把被乘數和乘數個位上的數字相加，乘以十位上數字的整十數。

（3）把被乘數和乘數個位上的數字相乘。

（4）把前三步所得結果加起來，即為最終計算結果。

**推導**

以 $17 \times 15 =$ ＿＿＿＿＿為例，可以畫出圖 3-10。

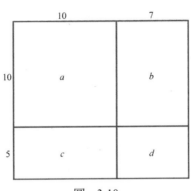

圖　3-10

可以看出，圖 3-10 中面積分為 $a$、$b$、$c$、$d$ 四個部分，其中 $a$ 部分為被乘數和乘數十位上數字的整十數相乘；$b$、$c$ 兩部分為被乘數和乘數個位上的數相加，乘以十位上數字的整十數；$d$ 部分為被乘數和乘數個位上的數字相乘。和即為總面積。

**例子**

（1）計算 $39 \times 38 =$ ＿＿＿＿＿。

$$30 \times 30 = 900$$
$$(9 + 8) \times 30 = 510$$
$$9 \times 8 = 72$$
$$900 + 510 + 72 = 1482$$

所以，$39 \times 38 = 1482$。

（2）計算 $19 \times 18 = $ ＿＿＿＿＿＿＿。

$$10 \times 10 = 100$$
$$(9 + 8) \times 10 = 170$$
$$9 \times 8 = 72$$
$$100 + 170 + 72 = 342$$

所以，$19 \times 18 = 342$。

（3）計算 $92 \times 95 = $ ＿＿＿＿＿＿＿。

$$90 \times 90 = 8100$$
$$(2 + 5) \times 90 = 630$$
$$2 \times 5 = 10$$
$$8100 + 630 + 10 = 8740$$

所以，$92 \times 95 = 8740$。

練習

（1）計算 $31 \times 34 = $ ＿＿＿＿＿＿＿。

（2）計算 42×45 ＝ _____。

（3）計算 62×67 ＝ _____。

（4）計算 93×95 ＝ _____。

（5）計算 78×79 ＝ _____。

（6）計算 52×59 ＝ _____。

## ● 一個數首尾相同與另一個首尾互補的兩位數相乘

方法

（1）假設被乘數首尾相同，則乘數首位加 1，得出的和與被乘數首位相乘，得數為前積（千位和百位）。

（2）兩尾數相乘，得數為後積（十位和個位），沒有十位則用 0 補。

（3）如果被乘數首尾互補，乘數首尾相同，則交換一下被乘數與乘數的位置即可。

例子

（1）計算 66×37 ＝ ＿＿＿＿＿＿。

$$（3＋1）×6 ＝ 24$$
$$6×7 ＝ 42$$

所以，66×37 ＝ 2442。

（2）計算 99×19 ＝ ＿＿＿＿＿＿。

$$（1＋1）×9 ＝ 18$$
$$9×9 ＝ 81$$

所以，99×19 ＝ 1881。

（3）計算 $46 \times 99 =$ _____。

$$(4 + 1) \times 9 = 45$$
$$6 \times 9 = 54$$

所以，$46 \times 99 = 4554$。

練習

（1）計算 $82 \times 33 =$ _____。

（2）計算 $91 \times 55 =$ _____。

（3）計算 $88 \times 37 =$ _____。

（4）計算 77×37 = _____。

（5）計算 99×82 = _____。

## ● 尾數為 1 的兩位數相乘

方法

（1）十位與十位相乘，得數為前積（千位和百位）。

（2）十位與十位相加，得數與前積相加，滿十進一。

（3）加上 1（尾數相乘，個位始終為 1）。

口訣：頭乘頭，頭加頭，尾乘尾。

例子

（1）計算 51×31 = _____。

$$50 \times 30 = 1500$$
$$50 + 30 = 80$$

所以，$51 \times 31 = 1500 + 80 + 1 = 1581$。

注意：

十位上相乘時，在不熟練的時候，數字「0」可以作為助記符，熟練後就可以不使用了。

（2）計算 $81 \times 91 =$ _____。

$$80 \times 90 = 7200$$
$$80 + 90 = 170$$

所以，$81 \times 91 = 7200 + 170 + 1 = 7371$。

或者

$$8 \times 9 = 72$$
$$80 + 90 = 170$$

答案順著寫即可（記得 170 的 1 要進位）：7370。

所以，$81 \times 91 = 7370 + 1 = 7371$。

（3）計算 $51 \times 71 =$ _____。

$$5 \times 7 = 35$$
$$50 + 70 = 120$$

所以，$51 \times 71 = 3621$。

練習

（1）計算 $21 \times 61 = $ ＿＿＿＿＿。

（2）計算 $31 \times 91 = $ ＿＿＿＿＿。

（3）計算 $81 \times 41 = $ ＿＿＿＿＿。

（4）計算 $71 \times 91 = $ ＿＿＿＿＿。

（5）計算 $61 \times 51 =$ _____。

# ● 三位以上的數字與 11 相乘

方法

（1）把和 11 相乘的乘數寫在紙上，中間和前後留出適當的空格。

如 $abcd \times 11$，則將乘數 $abcd$ 寫成：

$$a \quad b \quad c \quad d$$

（2）將乘數中相鄰的兩位數字依次相加，求出的和依次寫在乘數下面留出的空位上。

$$
\begin{array}{cccc}
a & b & c & d \\
a+b & b+c & c+d
\end{array}
$$

（3）將乘數的首位數字寫在最左邊，乘數的末位數字寫在最右邊。

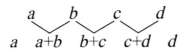

$$
\begin{array}{ccccc}
 & a & b & c & d \\
a & a+b & b+c & c+d & d
\end{array}
$$

105

（4）第二排的計算結果即為乘數乘以 11 的結果。（注意進位）

口訣：首尾不動下落，中間之和下拉。

例子 1

（1）計算 85436×11 ＝ _____。

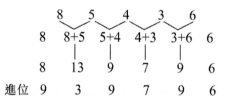

所以，85436×11 ＝ 939796。

（2）計算 123456×11 ＝ _____。

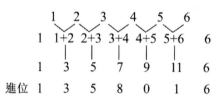

所以，123456×11 ＝ 1358016。

（3）計算 1342×11 ＝ _____。

```
    1   3   4   2
     \_/ \_/ \_/
  1  1+3 3+4 4+2  2

  1   4   7   6   2
```

所以，1342×11 ＝ 14762。

其實這種方法也適用於兩位和三位數乘以 11 的情況，只是過於簡單，規律沒那麼明顯。

例子 2

（1）計算 11×11 ＝ _____。

所以，11×11 ＝ 121。

（2）計算 123×11 ＝ _____。

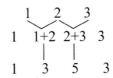

所以，123×11 ＝ 1353。

（3）計算 798×11 ＝ _____。

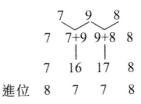

所以，798×11 ＝ 8778。

擴展閱讀

## 11 與 「楊輝三角」

楊輝三角形，又稱賈憲三角形、帕斯卡三角形，是二項式係數在三角形中的一種幾何排列。

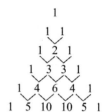

楊輝三角形同時對應於二項式定理的係數。$n$ 次的二項式係數對應楊輝三角形的 $n+1$ 行。例如，在 $(a+b)^2 = a^2 + 2ab + b^2$ 中，2 次的二項式正好對應楊輝三角形第 3 行的係數 1、2、1。

$$1 \times 11 = 11 = 11^1$$

$$11 \times 11 = 121 = 11^2$$

$$121 \times 11 = 1331 = 11^3$$

$$1331 \times 11 = 14641 = 11^4$$

$$14641 \times 11 = 161051 = 11^5$$

除此之外，也許你還會發現，這個三角形從第二行開始，是上一行的數乘以 11 所得的積。

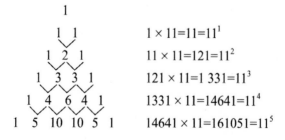

練習

（1）計算 2445235×11 = _____ 。

（2）計算 376385×11 = _____ 。

（3）計算 635×11 = _____ 。

（4）計算 38950×11 = _____ 。

（5）計算 $7385 \times 11 =$ ＿＿＿＿＿＿。

（6）計算 $35906 \times 11 =$ ＿＿＿＿＿＿。

## ● 三位以上的數字與 111 相乘

方法

（1）把與 111 相乘的乘數寫在紙上，中間和前後留出適當的空格。如 $abc \times 111$，積的第一位為 $a$，第二位為 $a + b$，第三位為 $a + b + c$，第四位為 $b + c$，第五位為 $c$。

（2）結果即為被乘數乘以 111 的結果。（注意進位）

例子

（1）計算 $543 \times 111 =$ ＿＿＿＿＿＿。

積的第一位為 5，第二位為 $5 + 4 = 9$，第三位為 $5 + 4 + 3 = 12$，第四位為 $4 + 3 = 7$，第五位為 3。

即結果為：5　9　12　7　3。

進位後為：60273。

所以，$543 \times 111 = 60273$。

如果被乘數為四位數 $abcd$，那麼積的第一位為 $a$，第二位為 $a + b$，第三位為 $a + b + c$，第四位為 $b + c + d$，第五位為 $c + d$，第六位為 $d$。

（2）計算 $5123 \times 111 =$ ＿＿＿＿＿＿。

積的第一位為 5，第二位為 $5 + 1 = 6$，第三位為 $5 + 1 + 2 = 8$，第四位為 $1 + 2 + 3 = 6$，第五位為 $2 + 3 = 5$，第六位為 3。

即結果為：5　6　8　6　5　3。

所以，$5123 \times 111 = 568653$。

如果被乘數為五位數 $abcde$，那麼積的第一位為 $a$，第二位為 $a + b$，第三位為 $a + b + c$，第四位為 $b + c + d$，第五位為 $c + d + e$，第六位為 $d + e$，第七位是 $e$。

（3）計算 $12345 \times 111 =$ ＿＿＿＿＿＿。

積的第一位為 1，第二位為 $1 + 2 = 3$，第三位為 $1 + 2 + 3 = 6$，第四位為 $2 + 3 + 4 = 9$，第五位為 $3 + 4 + 5 = 12$，第六位為 $4 + 5 = 9$，第七位是 5。

即結果為：1　3　6　9　12　9　5。

進位後為：1370295。

所以，$12345 \times 111 = 1370295$。

注意：

同樣，更多位數乘以 111 的結果也都可以用相應的簡單計算法計算，大家可以自己試著推算一下相應的公式。

練習

（1）計算 $235 \times 111 = $ _____ 。

（2）計算 $315 \times 111 = $ _____ 。

（3）計算 $12567 \times 111 = $ _____ 。

（4）計算 $111111 \times 111 = $ _____ 。

（5）計算 $78653 \times 111 =$ _____。

（6）計算 $987654321 \times 111 =$ _____。

## ● 接近 100 的數字相乘

方法

（1）設定 100 為基準數，計算出兩個數與 100 之間的差。

（2）將被乘數與乘數直排寫在左邊，兩個差直排寫在右邊，中間用斜線隔開。

（3）將上兩排數字交叉相加所得的結果寫在第三排的左邊。

（4）將兩個差相乘所得的積寫在右邊。

（5）將第 3 步的結果乘以基準數 100，與第 4 步所得結果加起來，即為最終計算結果。

## 例子

（1）計算 $86 \times 92 =$ _____。

先計算出 86、92 與 100 的差，分別為 $-14$ 和 $-8$，因此可以寫成下列形式：

$$86 \, / \, -14$$
$$92 \, / \, -8$$

交叉相加，即 $86 - 8$ 或 $92 - 14$，都等於 78。

兩個差相乘，即 $(-14) \times (-8) = 112$。

因此可以寫成：

$$86 \, / \, -14$$
$$92 \, / \, -8$$
$$78 \, / \, 112$$
$$78 \times 100 + 112 = 7912$$

所以，$86 \times 92 = 7912$。

（2）計算 $93 \times 112 =$ _____。

先計算出 93、112 與 100 的差，分別為 $-7$，12，因此可以寫成下列形式：

$$93 \, / \, -7$$
$$112 \, / \, 12$$

交叉相加，即 93 ＋ 12 或 112 － 7，都等於 105。

兩個差相乘，即（－ 7）×12 ＝－ 84。

因此可以寫成：

$$93 / - 7$$
$$112 / 12$$
$$105 / - 84$$
$$105 \times 100 - 84 = 10416$$

所以，93×112 ＝ 10416。

（3）計算 102×113 ＝ _____。

先計算出 102、113 與 100 的差，分別為 2、13，因此可以寫成下列形式：

$$102 / 2$$
$$113 / 13$$

交叉相加，即 102 ＋ 13 或 113 ＋ 2，都等於 115。

兩個差相乘，即 2×13 ＝ 26。

因此可以寫成：

$$102 / 2$$
$$113 / 13$$
$$115 / 26$$

$$115 \times 100 + 26 = 11526$$

所以，$102 \times 113 = 11526$。

練習

（1）計算 $115 \times 97 =$ ＿＿＿＿＿。

（2）計算 $106 \times 107 =$ ＿＿＿＿＿。

（3）計算 $98 \times 95 =$ ＿＿＿＿＿。

（4）計算 $89 \times 103 =$ ＿＿＿＿＿。

（5）計算 $112 \times 103 =$ _____。

（6）計算 $105 \times 96 =$ _____。

## ● 接近 200 的數字相乘

方法

（1）設定 200 為基準數，計算出兩個數與 200 之間的差。

（2）將被乘數與乘數直排寫在左邊，兩個差直排寫在右邊，中間用斜線隔開。

（3）將上兩排數字交叉相加所得的結果寫在第三排的左邊。

（4）將兩個差相乘所得的積寫在右邊。

（5）將第 3 步的結果乘以基準數 200，與第 4 步所得結

果加起來,即為最終計算結果。

## 例子

(1)計算 $186 \times 192 =$ _____。

先計算出 186、192 與 200 的差,分別為 $-14$、$-8$,因此可以寫成下列形式:

$$186 / - 14$$
$$192 / - 8$$

交叉相加,即 $186 - 8$ 或 $192 - 14$,都等於 178。

兩個差相乘,即 $(-14) \times (-8) = 112$。

因此可以寫成:

$$186 / - 14$$
$$192 / - 8$$
$$178 / 112$$
$$178 \times 200 + 112 = 35712$$

所以,$186 \times 192 = 35712$。

(2)計算 $193 \times 212 =$ _____。

先計算出 193、212 與 200 的差,分別為 $-7$、12,因此可以寫成下列形式:

$$193 / - 7$$
$$212 / 12$$

交叉相加，即 193 ＋ 12 或 212 － 7，都等於 205。

兩個差相乘，即（－ 7）×12 ＝－ 84。

因此可以寫成：

$$193 / - 7$$
$$212 / 12$$
$$205 / - 84$$
$$205 \times 200 - 84 = 40916$$

所以，193×212 ＝ 40916。

（3）計算 203×212 ＝ _____ 。

先計算出 203、212 與 200 的差，分別為 3、12，因此可以寫成下列形式：

$$203 / 3$$
$$212 / 12$$

交叉相加，即 203 ＋ 12 或 212 ＋ 3，都等於 215。

兩個差相乘，即 3×12 ＝ 36。

因此可以寫成：

$$203 \,/\, 3$$
$$212 \,/\, 12$$
$$215 \,/\, 36$$
$$215 \times 200 + 36 = 43036$$

所以，$203 \times 212 = 43036$。

**擴展閱讀**

　　類似的，還可以用這種方法計算接近 250、300、350、400、450、500、1000……數字的乘法，只需選擇相應的基準數即可。

　　當然，當兩個數字都接近某個 10 的倍數時，也可以用這種方法。選擇這個 10 的倍數作為基準數，這個方法依然適用，大家可以試一試。

**練習**

　　（1）計算 $185 \times 211 = $ _____。

　　（2）計算 $203 \times 198 = $ _____。

（3）計算 $204 \times 208 =$ _____。

（4）計算 $211 \times 198 =$ _____。

（5）計算 $204 \times 203 =$ _____。

（6）計算 $195 \times 193 =$ _____。

## ● 接近 50 的數字相乘

方法

（1）設定 50 為基準數，計算出兩個數與 50 之間的差。

（2）將被乘數與乘數直排寫在左邊，兩個差直排寫在右邊，中間用斜線隔開。

（3）將上兩排數字交叉相加所得的結果寫在第三排的左邊。

（4）將兩個差相乘所得的積寫在右邊。

（5）將第 3 步的結果乘以基準數 50，與第 4 步所得的結果相加，即為最終計算結果。

例子

（1）計算 $46 \times 42 =$ ＿＿＿＿＿＿＿。

先計算出 46、42 與 50 的差，分別為 $-4$、$-8$，因此可以寫成下列形式：

$$46 / -4$$
$$42 / -8$$

交叉相加，即 $46 - 8$ 或 $42 - 4$，都等於 38。

兩個差相乘，即 $(-4) \times (-8) = 32$。

因此可以寫成：

$$46 / - 4$$
$$42 / - 8$$
$$38 / 32$$
$$38 \times 50 + 32 = 1932$$

所以，$46 \times 42 = 1932$。

（2）計算 $53 \times 42 =$ _____。

先計算出 53、42 與 50 的差，分別為 3、$- 8$，因此可以寫成下列形式：

$$53 / 3$$
$$42 / - 8$$

交叉相加，即 $53 - 8$ 或 $42 + 3$，都等於 45。

兩個差相乘，即 $3 \times (- 8) = - 24$。

因此可以寫成：

$$53 / 3$$
$$42 / - 8$$
$$45 / - 24$$
$$45 \times 50 - 24 = 2226$$

所以，$53 \times 42 = 2226$。

（3）計算 $61 \times 52 =$ _____。

先計算出 61、52 與 50 的差，分別為 11、2，因此可以寫成下列形式：

$$61 / 11$$
$$52 / 2$$

交叉相加，即 61 ＋ 2 或 52 ＋ 11，都等於 63。

兩個差相乘，即 $11 \times 2 = 22$。

因此可以寫成：

$$61 / 11$$
$$52 / 2$$
$$63 / 22$$
$$63 \times 50 + 22 = 3172$$

所以，$61 \times 52 = 3172$。

練習

（1）計算 $53 \times 48 = $ _____。

（2）計算 $47 \times 51 =$ _____。

（3）計算 $46 \times 48 =$ _____。

（4）計算 $53 \times 55 =$ _____。

（5）計算 $54 \times 46 =$ _____。

（6）計算 $51 \times 55 =$ _____。

## ● 任意數與 9 相乘

方法

（1）將被乘數後面加個 「0」。

（2）用上一步的結果減去被乘數，即為結果。

例子

（1）計算 $3 \times 9 =$ _____。

3 後面加個 0 變為 30，

減去 3，即 $30 - 3 = 27$。

所以，$3 \times 9 = 27$。

（2）計算 $53 \times 9 =$ _____。

53 後面加個 0 變為 530，

減去 53，即 $530 - 53 = 477$。

所以，$53 \times 9 = 477$。

（3）計算 $365 \times 9 =$ _____。

365 後面加個 0 變為 3650，

減去 365，即 $3650 - 365 = 3285$。

所以，$365 \times 9 = 3285$。

練習

（1）計算 $9 \times 9 =$ _____。

（2）計算 45×9 = _____。

（3）計算 135×9 = _____。

（4）計算 3821×9 = _____。

（5）計算 85351×9 = _____。

（6）計算 315654×9 ＝ _____ 。

## ● 任意數與 99 相乘

方法

（1）將被乘數後面加兩個 「0」。

（2）用上一步的結果減去這個數，即為結果。

例子

（1）計算 3×99 ＝ _____ 。

3 後面加 00 變為 300，

減去 3，即 300 － 3 ＝ 297。

所以，3×99 ＝ 297。

（2）計算 35×99 ＝ _____ 。

35 後面加 00 變為 3500，

減去 35，即 3500 － 35 ＝ 3465。

所以，35×99 ＝ 3465。

（3）計算 435×99 ＝ _____ 。

435 後面加 00 變為 43500，

　　減去 435，即 43500 － 435 ＝ 43065。

　　所以，435×99 ＝ 43065。

練習

（1）計算 5×99 ＝ _____。

（2）計算 16×99 ＝ _____。

（3）計算 315×99 ＝ _____。

（4）計算 2355×99 ＝ _____。

（5）計算 11111×99 ＝ _____。

（6）計算 2596453×99 ＝ _____。

## ● 任意數與 999 相乘

方法

（1）將被乘數後面加三個 「0」。

（2）用上一步的結果減去被乘數，即為結果。

例子

（1）計算 3×999 ＝ _____。

3 後面加 000 變為 3000，

減去 3，即 3000 － 3 ＝ 2997。

所以，3×999 ＝ 2997。

（2）計算 $26 \times 999 =$ ＿＿＿＿＿。

26 後面加 000 變為 26000，

減去 26，即 $26000 - 26 = 25974$。

所以，$26 \times 999 = 25974$。

（3）計算 $2586 \times 999 =$ ＿＿＿＿＿。

2586 後面加 000 變為 2586000，

減去 2586，即 $2586000 - 2586 = 2583414$。

所以，$2586 \times 999 = 2583414$。

練習

（1）計算 $12 \times 999 =$ ＿＿＿＿＿。

（2）計算 $9 \times 999 =$ ＿＿＿＿＿。

（3）計算 $870 \times 999 =$ ＿＿＿＿＿。

（4）計算 $7635 \times 999 =$ ＿＿＿＿＿。

（5）計算 $3985 \times 999 =$ ＿＿＿＿＿。

（6）計算 $31235 \times 999 =$ ＿＿＿＿＿。

## ● 11 ～ 19 中的整數相乘

**方法**

（1）把被乘數跟乘數的個位數加起來。

（2）把被乘數的個位數乘以乘數的個位數。

（3）把第一步的答案乘以 10。

（4）加上第二步的答案，即可。

口訣：頭乘頭，尾加尾，尾乘尾。

**推導**

以 18×17 ＝ _____ 為例，可以畫出圖 3-11 所示圖例。

如圖 3-11 所示，可以拼成一個 10×（17 ＋ 8）的長方形，再加上多出來的那個小長方形的面積，即為結果。

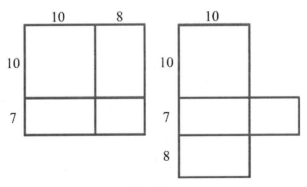

圖　3-11

## 例子

（1）計算 $19 \times 13 = $ _____ 。

$$19 + 3 = 22$$
$$9 \times 3 = 27$$
$$22 \times 10 + 27 = 247$$

所以，$19 \times 13 = 247$。

（2）計算 $19 \times 19 = $ _____ 。

$$19 + 9 = 28$$
$$9 \times 9 = 81$$
$$28 \times 10 + 81 = 361$$

所以，$19 \times 19 = 361$。

（3）計算 $11 \times 14 = $ _____ 。

$$11 + 4 = 15$$
$$1 \times 4 = 4$$
$$15 \times 10 + 4 = 154$$

所以，$11 \times 14 = 154$。

這樣用心算，就可以很快地算出 $11 \times 11$ 到 $19 \times 19$ 了。
這真是太神奇了！

擴展閱讀

## 19×19 段乘法表

我們的乘法口訣只需背到 9×9，而印度要求背到 19×19，也許你會不知道怎麼辦。別急，應用上面給出的方法，你也能很容易地計算出來，試試看吧！

下面將 19×19 段乘法表列出給大家參考，見圖 3-12。

| * | 1 | 2 | 3 | 4 | 5 | 6 | 7 | 8 | 9 | 10 | 11 | 12 | 13 | 14 | 15 | 16 | 17 | 18 | 19 |
|---|---|---|---|---|---|---|---|---|---|----|----|----|----|----|----|----|----|----|----|
| 1 | 1 | 2 | 3 | 4 | 5 | 6 | 7 | 8 | 9 | 10 | 11 | 12 | 13 | 14 | 15 | 16 | 17 | 18 | 19 |
| 2 | 2 | 4 | 6 | 8 | 10 | 12 | 14 | 16 | 18 | 20 | 22 | 24 | 26 | 28 | 30 | 32 | 34 | 36 | 38 |
| 3 | 3 | 6 | 9 | 12 | 15 | 18 | 21 | 24 | 27 | 30 | 33 | 36 | 39 | 42 | 45 | 48 | 51 | 54 | 57 |
| 4 | 4 | 8 | 12 | 16 | 20 | 24 | 28 | 32 | 36 | 40 | 44 | 48 | 52 | 56 | 60 | 64 | 68 | 72 | 76 |
| 5 | 5 | 10 | 15 | 20 | 25 | 30 | 35 | 40 | 45 | 50 | 55 | 60 | 65 | 70 | 75 | 80 | 85 | 90 | 95 |
| 6 | 6 | 12 | 18 | 24 | 30 | 36 | 42 | 48 | 54 | 60 | 66 | 72 | 78 | 84 | 90 | 96 | 102 | 108 | 114 |
| 7 | 7 | 14 | 21 | 28 | 35 | 42 | 49 | 56 | 63 | 70 | 77 | 84 | 91 | 98 | 105 | 112 | 119 | 126 | 133 |
| 8 | 8 | 16 | 24 | 32 | 40 | 48 | 56 | 64 | 72 | 80 | 88 | 96 | 104 | 112 | 120 | 128 | 136 | 144 | 152 |
| 9 | 9 | 18 | 27 | 36 | 45 | 54 | 63 | 72 | 81 | 90 | 99 | 108 | 117 | 126 | 135 | 144 | 153 | 162 | 171 |
| 10 | 10 | 20 | 30 | 40 | 50 | 60 | 70 | 80 | 90 | 100 | 110 | 120 | 130 | 140 | 150 | 160 | 170 | 180 | 190 |
| 11 | 11 | 22 | 33 | 44 | 55 | 66 | 77 | 88 | 99 | 110 | 121 | 132 | 143 | 154 | 165 | 176 | 187 | 198 | 209 |
| 12 | 12 | 24 | 36 | 48 | 60 | 72 | 84 | 96 | 108 | 120 | 132 | 144 | 156 | 168 | 180 | 192 | 204 | 216 | 228 |
| 13 | 13 | 26 | 39 | 52 | 65 | 78 | 91 | 104 | 117 | 130 | 143 | 156 | 169 | 182 | 195 | 208 | 221 | 234 | 247 |
| 14 | 14 | 28 | 42 | 56 | 70 | 84 | 98 | 112 | 126 | 140 | 154 | 168 | 182 | 196 | 210 | 224 | 238 | 252 | 266 |
| 15 | 15 | 30 | 45 | 60 | 75 | 90 | 105 | 120 | 135 | 150 | 165 | 180 | 195 | 210 | 225 | 240 | 255 | 270 | 285 |
| 16 | 16 | 32 | 48 | 64 | 80 | 96 | 112 | 128 | 144 | 160 | 176 | 192 | 208 | 224 | 240 | 256 | 272 | 288 | 304 |
| 17 | 17 | 34 | 51 | 68 | 85 | 102 | 119 | 136 | 153 | 170 | 187 | 204 | 221 | 238 | 255 | 272 | 289 | 306 | 323 |
| 18 | 18 | 36 | 54 | 72 | 90 | 108 | 126 | 144 | 162 | 180 | 198 | 216 | 234 | 252 | 270 | 288 | 306 | 324 | 342 |
| 19 | 19 | 38 | 57 | 76 | 95 | 114 | 133 | 152 | 171 | 190 | 209 | 228 | 247 | 266 | 285 | 304 | 323 | 342 | 361 |

圖　3-12

練習

　　（1）計算 $14 \times 16 =$ ＿＿＿＿＿＿。

　　（2）計算 $14 \times 18 =$ ＿＿＿＿＿＿。

　　（3）計算 $11 \times 16 =$ ＿＿＿＿＿＿。

　　（4）計算 $15 \times 11 =$ ＿＿＿＿＿＿。

（5）計算 $12 \times 17 =$ _____。

（6）計算 $15 \times 19 =$ _____。

# ● 100 ～ 110 中的整數相乘

方法

（1）被乘數加乘數個位上的數字。

（2）個位上的數字相乘。

（3）第 2 步的得數寫在第 1 步的得數之後，沒有十位用 0 補。

推導

我們以 $108 \times 107 =$ _____為例，可以畫出如圖 3-13 所示圖例。

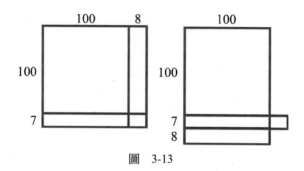

圖 3-13

　　如圖 3-13 所示，可以拼成一個 $100 \times (107 + 8)$ 的長方形，因為一個數乘以 100 的後兩位數一定都是 0，所以在後面直接加上多出來的那個小長方形的面積，即為結果。

**例子**

　　（1）計算 $109 \times 103 =$ _____。

$$109 + 3 = 112$$
$$9 \times 3 = 27$$

　　所以，$109 \times 103 = 11227$。

　　（2）計算 $102 \times 101 =$ _____。

$$102 + 1 = 103$$
$$2 \times 1 = 2$$

　　所以，$102 \times 101 = 10302$。

（3）計算 $108 \times 107 =$ _____。

$$108 + 7 = 115$$
$$8 \times 7 = 56$$

所以，$108 \times 107 = 11556$。

練習

（1）計算 $102 \times 110 =$ _____。

（2）計算 $101 \times 109 =$ _____。

（3）計算 $105 \times 104 =$ _____。

（4）計算 $102 \times 108 =$ _____。

（5）計算 $107 \times 104 =$ _____。

（6）計算 $103 \times 102 =$ _____。

## ● 三位數與兩位數相乘

三位數與兩位數相乘也可以用交叉計算法，只是比兩位數相乘要複雜一些。

方法

（1）用三位數和兩位數的個位上的數字相乘，所得結果的個位數寫在答案的最後一位，十位數作為進位保留。

（2）交叉相乘1，將三位數個位上的數字與兩位數十位上的數字相乘，三位數十位上的數字與兩位數個位上的數字相乘，求和後加上上一步中的進位，把結果的個位寫在答案的十位數字上，十位上的數字作為進位保留。

（3）交叉相乘2，將三位數十位上的數字與兩位數十位上的數字相乘，三位數百位上的數字與兩位數個位上的數字相乘，求和後加上上一步中的進位，把結果的個位寫在答案的百位數字上，十位上的數字作為進位保留。

（4）用三位數的百位上的數字和兩位數的十位上的數字相乘，加上上一步的進位，寫在前三步所得的結果前面即可。

推導

我們假設兩個數字分別為 $abc$ 和 $xy$，用豎式進行計算，得到：

$$
\begin{array}{cccc}
 & a & b & c \\
 & & x & y \\
\hline
 & ay & by & cy \\
ax & bx & cx & \\
\hline
\end{array}
$$
$$ ax \,/\, (ay+bx) \,/\, (by+cx) \,/\, cy $$

我們來對比一下這個結果與兩位數的交叉相乘有什麼區別，發現它們的原理是一樣的，只是多了一次交叉計算。

如圖 3-14 所示。

圖 3-14

**例子**

（1）計算 298×24 ＝ ＿＿＿＿＿。

$$
\begin{array}{ccc}
2 & 9 & 8 \\
& 2 & 4 \\
\hline
4 / 18+8 / 36+16 / 32 \\
4 / 26 / 52 / 32
\end{array}
$$

進位：進 3、進 5、進 3。

結果為 7152。

所以，298×24 ＝ 7152。

（2）計算 123×36 ＝ ＿＿＿＿＿。

$$
\begin{array}{ccc}
1 & 2 & 3 \\
& 3 & 6 \\
\hline
3 / 6+6 / 9+12 / 18 \\
3 / 12 / 21 / 18
\end{array}
$$

進位：進 1、進 2、進 1。

結果為 4428。

所以，123×36 ＝ 4428。

（3）計算 548×36 ＝ _____。

$$
\begin{array}{ccc}
5 & 4 & 8 \\
& 3 & 6 \\
\hline
\end{array}
$$

15 / 30+12 / 24+24 / 48

15 / 42 / 48 / 48

進位：進 4、進 5、進 4。

結果為 19728。

所以，548×36 ＝ 19728。

練習

（1）計算 327×35 ＝ _____。

（2）計算 633×57 ＝ _____。

（3）計算 $956 \times 31 =$ _____。

（4）計算 $825 \times 65 =$ _____。

（5）計算 $758 \times 24 =$ _____。

（6）計算 $468 \times 36 =$ _____。

# 第四章　乘方速算法

## ● 心算 11 ～ 19 的平方

方法

（1）以 10 為基準數，計算出要求的數與基準數的差。

（2）利用公式 $1a^2 = 1a + a / a^2$ 求出平方（用 $1a$ 來表示十位為 1，個位為 $a$ 的數字）。

（3）斜線只作區分之用，後面只能有一位數字，超出部分進位到斜線前面。

例子

（1）計算 $11^2 =$ ＿＿＿＿＿＿。

$$11^2 = 11 + 1 / 1^2$$
$$= 12 / 1$$
$$= 121$$

（2）計算 $12^2 =$ ＿＿＿＿＿＿。

$$12^2 = 12 + 2 / 2^2$$
$$= 14 / 4$$
$$= 144$$

（3）計算 $13^2 =$ ＿＿＿＿＿＿。

$$13^2 = 13 + 3 / 3^2$$
$$= 16 / 9$$
$$= 169$$

（4）計算 $14^2 =$ _____。

$$14^2 = 14 + 4 / 4^2$$
$$= 18 / 16$$
$$= 196 \,(進位)$$

練習

（1）計算 $15^2 =$ _____。

（2）計算 $16^2 =$ _____。

（3）計算 $17^2 = $ ＿＿＿＿＿＿。

（4）計算 $18^2 = $ ＿＿＿＿＿＿。

（5）計算 $19^2 = $ ＿＿＿＿＿＿。

## ● 心算 21 ～ 29 的平方

方法

（1）以 20 為基準數，計算出要求的數與基準數的差。

（2）利用公式 $2a^2 = 2 \times (2a + a) / a^2$ 求出平方（用 $2a$ 表示十位為 2、個位為 $a$ 的數字）。

（3）斜線只做區分之用，後面只能有一位數字，超出部分進位到斜線前面。

例子

（1）計算 $21^2 = $ _____。

$$21^2 = 2 \times (21 + 1) \ / \ 1^2$$
$$= 44 \ / \ 1$$
$$= 441$$

（2）計算 $22^2 = $ _____。

$$22^2 = 2 \times (22 + 2) \ / \ 2^2$$
$$= 48 \ / \ 4$$
$$= 484$$

（3）計算 $23^2 = $ _____。

$$23^2 = 2 \times (23 + 3) \ / \ 3^2$$
$$= 52 \ / \ 9$$
$$= 529$$

（4）計算 $24^2 = $ _____。

$$24^2 = 2 \times (24 + 4) \ / \ 4^2$$
$$= 56 \ / \ 16$$
$$= 576 （進位）$$

（1）計算 $25^2 =$ ＿＿＿＿＿。

（2）計算 $26^2 =$ ＿＿＿＿＿。

（3）計算 $27^2 =$ ＿＿＿＿＿。

（4）計算 $28^2 =$ ＿＿＿＿＿。

（5）計算 $29^2 =$ _____。

## ● 心算 31 ～ 39 的平方

方法

（1）以 30 為基準數，計算出要求的數與基準數的差。

（2）利用公式 $3a^2 = 3 \times (3a + a) / a^2$ 求出平方（用 $3a$ 表示十位為 3、個位為 $a$ 的數字）。

（3）斜線只做區分之用，後面只能有一位數字，超出部分進位到斜線前面。

例子

（1）計算 $31^2 =$ _____。

$$31^2 = 3 \times (31 + 1) / 1^2$$
$$= 96 / 1$$
$$= 961$$

（2）計算 $32^2 = $ _____。

$$32^2 = 3 \times (32 + 2) / 2^2$$
$$= 102 / 4$$
$$= 1024$$

（3）計算 $33^2 = $ _____。

$$33^2 = 3 \times (33 + 3) / 3^2$$
$$= 108 / 9$$
$$= 1089$$

（4）計算 $34^2 = $ _____。

$$34^2 = 3 \times (34 + 4) / 4^2$$
$$= 114 / 16$$
$$= 1156（進位）$$

擴展閱讀

　　運用下面的公式，可以很容易地計算出 41～99 的平方數，計算的方法都是類似的。

$$4a^2 = 4 \times (4a + a) / a^2$$
$$5a^2 = 5 \times (5a + a) / a^2$$
$$6a^2 = 6 \times (6a + a) / a^2$$

$7a^2 = 7 \times (7a + a) / a^2$

$8a^2 = 8 \times (8a + a) / a^2$

$9a^2 = 9 \times (9a + a) / a^2$

例子

（1）計算 $64^2 = $ _____ 。

$$64^2 = 6 \times (64 + 4) / 4^2$$
$$= 408 / 16$$
$$= 4096（進位）$$

（2）計算 $83^2 = $ _____ 。

$$83^2 = 8 \times (83 + 3) / 3^2$$
$$= 688 / 9$$
$$= 6889$$

（3）計算 $96^2 = $ _____ 。

$$96^2 = 9 \times (96 + 6) / 6^2$$
$$= 918 / 36$$
$$= 9216（進位）$$

練習

（1）計算 $36^2 =$ ＿＿＿＿＿。

（2）計算 $47^2 =$ ＿＿＿＿＿。

（3）計算 $58^2 =$ ＿＿＿＿＿。

（4）計算 $69^2 =$ ＿＿＿＿＿。

（5）計算 $72^2 =$ ＿＿＿＿＿。

（6）計算 $99^2 =$ _____。

## ● 尾數為 5 的兩位數的平方

方法

（1）兩個乘數的個位上的 5 相乘得到 25。

（2）十位相乘時應按 $N \times (N + 1)$ 的方法進行，得出的積直接寫在 25 的前面。

如 $a5 \times a5$，則先得到 25，然後計算 $a \times (a + 1)$，得出的積放在 25 前面即可。

例子

（1）計算 $35 \times 35 =$ _____。

$$5 \times 5 = 25$$
$$3 \times (3 + 1) = 12$$

所以，$35 \times 35 = 1225$。

（2）計算 $85 \times 85 =$ _____。

$$5 \times 5 = 25$$
$$8 \times (8 + 1) = 72$$

所以，$85 \times 85 = 7225$。

（3）計算 $105 \times 105 = $ _____。

$$5 \times 5 = 25$$
$$10 \times (10 + 1) = 110$$

所以，$105 \times 105 = 11025$。

練習

（1）計算 $15^2 = $ _____。

（2）計算 $25^2 = $ _____。

（3）計算 $45^2 = $ _____ 。

（4）計算 $55^2 = $ _____ 。

（5）計算 $95^2 = $ _____ 。

（6）計算 $195^2 = $ _____ 。

## ● 尾數為 6 的兩位數的平方

我們前面學過尾數為 5 的兩個兩位數的平方計算方法，兩個乘數的個位上的 5 相乘得到 25。

現在我們來學習尾數為 6 的兩位數的平方算法。

**方法**

（1）先算出這個數減 1 的平方數。

（2）算出這個數與比這個數小 1 的數的和。

（3）前兩步的結果相加即可。

**例子**

（1）計算 $76^2 =$ _____。

$$75^2 = 5625$$
$$76 + 75 = 151$$
$$5625 + 151 = 5776$$

所以，$76^2 = 5776$。

（2）計算 $16^2 =$ _____。

$$15^2 = 225$$
$$16 + 15 = 31$$
$$225 + 31 = 256$$

所以，$16^2 = 256$。

（3）計算 $96^2 =$ _____。

$$95^2 = 9025$$
$$96 + 95 = 191$$
$$9025 + 191 = 9216$$

所以，$96^2 = 9216$。

練習

（1）計算 $26^2 =$ _____。

（2）計算 $46^2 =$ _____。

（3）計算 $56^2 =$ _____。

（4）計算 $66^2 =$ _____。

（5）計算 $86^2 =$ _____。

（6）計算 $196^2 =$ _____。

## ● 尾數為 7 的兩位數的平方

方法

（1）先算出這個數減 2 的平方數。

（2）算出這個數與比這個數小 2 的數的和的 2 倍。

（3）前兩步的結果相加即可。

### 例子

（1）計算 $87^2 =$ _____。

$$85^2 = 7225$$
$$(87 + 85) \times 2 = 344$$
$$7225 + 344 = 7569$$

所以，$87^2 = 7569$。

（2）計算 $27^2 =$ _____。

$$25^2 = 625$$
$$(27 + 25) \times 2 = 104$$
$$625 + 104 = 729$$

所以，$27^2 = 729$。

（3）計算 $57^2 =$ _____。

$$55^2 = 3025$$
$$(57 + 55) \times 2 = 224$$
$$3025 + 224 = 3249$$

所以，$57^2 = 3249$。

**擴展閱讀**

相鄰兩個自然數的平方之差是多少？

學過平方差公式的同學們應該很容易就回答出這個問題。

$b^2 - a^2 = (b + a)\ (b - a)$

所以差為 1 的兩個自然數的平方差為

$(a + 1)^2 - a^2 = (a + 1) + a$

差為 2 的兩個自然數的平方差為

$(a + 2)^2 - a^2 = [(a + 1) + a] \times 2$

同理，差為 3 的也可以計算出來。

**練習**

（1）計算 $17^2 =$ _____。

（2）計算 $37^2 =$ _____。

（3）計算 $77^2 =$ _____。

（4）計算 $97^2 =$ _____。

（5）計算 $107^2 =$ _____。

（6）計算 $197^2 =$ _____。

## ● 尾數為 8 的兩位數的平方

### 方法

（1）先湊整算出這個數加 2 的平方數。

（2）算出這個數與比這個數大 2 的數的和的 2 倍。

（3）前兩步的結果相減即可。

### 例子

（1）計算 $78^2 =$ _____ 。

$$80^2 = 6400$$
$$（78 + 80）\times 2 = 316$$
$$6400 - 316 = 6084$$

所以，$78^2 = 6084$。

（2）計算 $28^2 =$ _____ 。

$$30^2 = 900$$
$$（28 + 30）\times 2 = 116$$
$$900 - 116 = 784$$

所以，$28^2 = 784$。

（3）計算 $58^2 =$ _____ 。

$$60^2 = 3600$$
$$(58 + 60) \times 2 = 236$$
$$3600 - 236 = 3364$$

所以，$58^2 = 3364$。

擴展閱讀

尾數為 1、2、3、4 的兩位數的平方數與上面這種方法相似，只需找到相應的尾數為 5 或者尾數為 0 的整數即可。

另外，不止兩位數適用本方法，其他的多位數平方同樣適用。

練習

（1）計算 $28^2 = $ _____。

（2）計算 $38^2 = $ _____。

（3）計算 $98^2 =$ _____。

（4）計算 $88^2 =$ _____。

（5）計算 $68^2 =$ _____。

（6）計算 $108^2 =$ _____。

## ● 尾數為 9 的兩位數的平方

**方法**

（1）先湊整算出這個數加 1 的平方數。

（2）算出這個數與比這個數大 1 的數的和。

（3）前兩步的結果相減即可。

**例子**

（1）計算 $79^2 = $ _____。

$$80^2 = 6400$$
$$79 + 80 = 159$$
$$6400 - 159 = 6241$$

所以，$79^2 = 6241$。

（2）計算 $19^2 = $ _____。

$$20^2 = 400$$
$$19 + 20 = 39$$
$$400 - 39 = 361$$

所以，$19^2 = 361$。

（3）計算 $59^2 = $ _____。

$$60^2 = 3600$$
$$59 + 60 = 119$$
$$3600 - 119 = 3481$$

所以，$59^2 = 3481$。

練習

（1）計算 $29^2 = $ ＿＿＿＿＿。

（2）計算 $39^2 = $ ＿＿＿＿＿。

（3）計算 $99^2 = $ ＿＿＿＿＿。

（4）計算 $49^2 = $ ＿＿＿＿＿。

（5）計算 $69^2 = $ ＿＿＿＿＿。

（6）計算 $109^2 = $ ＿＿＿＿＿。

## ● 尾數為 1 的兩位數的平方

方法

（1）底數的十位乘以十位（即十位的平方），得數為前積（千位和百位）。

（2）底數的十位加十位（即十位乘以 2），得數為後積（十位和個位）。滿十進一。

（3）最後加 1。

## 例子

（1）計算 $71^2 = $ ＿＿＿＿＿。

$$70 \times 70 = 4900$$
$$70 \times 2 = 140$$

所以，$71^2 = 4900 + 140 + 1 = 5041$。

（2）計算 $91^2 = $ ＿＿＿＿＿。

$$90 \times 90 = 8100$$
$$90 \times 2 = 180$$

所以，$91^2 = 8100 + 180 + 1 = 8281$。

或者熟悉之後，可以省掉後面的 0 進行速算。

$$9 \times 9 = 81$$
$$9 \times 2 = 18$$

所以，$91^2 = 8281$。

（3）計算 $31^2 = $ ＿＿＿＿＿。

$$30 \times 30 = 900$$
$$30 \times 2 = 60$$

所以，$31^2 = 961$。

注意：

可參閱乘法速算中的「尾數為 1 的兩位數相乘」。

練習

（1）計算 $81^2 = $ _____ 。

（2）計算 $61^2 = $ _____ 。

（3）計算 $21^2 = $ _____ 。

（4）計算 $51^2 = $ _____ 。

（5）計算 $41^2 =$ _____。

## ● 25 ～ 50 的兩位數的平方

方法

（1）用底數減去 25，得數為前積（千位和百位）。

（2）50 減去底數所得的差的平方作為後積（十位和個位），滿百進一，沒有十位補 0。

例子

（1）計算 $37^2 =$ _____。

$$37 - 25 = 12$$
$$(50 - 37)^2 = 169$$

所以，$37^2 = 1369$。

注意：

底數減去 25 後，要記住在得數的後面留兩個位置給十位和個位。

（2）計算 $26^2 = $ _____。

$$26 - 25 = 1$$
$$(50 - 26)^2 = 576$$

所以，$26^2 = 676$。

（3）計算 $42^2 = $ _____。

$$42 - 25 = 17$$
$$(50 - 42)^2 = 64$$

所以，$42^2 = 1764$。

練習

（1）計算 $49^2 = $ _____。

（2）計算 $31^2 = $ _____。

（3）計算 $29^2 =$ _____ 。

（4）計算 $45^2 =$ _____ 。

（5）計算 $28^2 =$ _____ 。

## ● 任意兩位數的平方

方法

（1）用 $ab$ 來表示要計算平方的兩位數，其中 $a$ 為十位上的數，$b$ 為個位上的數。

（2）結果的第一位為 $a^2$，第二位為 $2ab$，第三位為 $b^2$。

（3）斜線只作區分之用，後面只能有一位數字，超出部分進位到斜線前面。

例子

（1）計算 $13^2 = $ _____。

$$1^2 / 2 \times 1 \times 3 / 3^2$$
$$1 / 6 / 9$$

結果為 169。

所以，$13^2 = 169$。

（2）計算 $62^2 = $ _____。

$$6^2 / 2 \times 6 \times 2 / 2^2$$
$$36 / 24 / 4$$

進位後結果為 3844。

所以，$62^2 = 3844$。

（3）計算 $57^2 = $ _____。

$$5^2 / 2 \times 5 \times 7 / 7^2$$
$$25 / 70 / 49$$

進位後結果為 3249。

所以，$57^2 = 3249$。

練習

（1）計算 $19^2 =$ _____。

（2）計算 $27^2 =$ _____。

（3）計算 $93^2 =$ _____。

（4）計算 $88^2 =$ _____。

（5）計算 $54^2 =$ _____。

（6）計算 $79^2 =$ _____。

## ● 以 10 開頭的三四位數的平方

方法

（1）計算出 10 後面的數的平方。

（2）將 10 後面的數字乘以 2，再擴大 100 倍（三位數）或 1000 倍（四位數）。

（3）將前兩步所得的結果相加，再加上 10000（三位數）或 1000000（四位數）。

例子

（1）計算 $108^2 =$ _____。

$$8 \times 8 = 64$$

$$8 \times 2 \times 100 = 1600$$
$$10000 + 1600 + 64 = 11664$$

所以，$108^2 = 11664$。

（2）計算 $1015^2 = $ _____。

$$15 \times 15 = 225$$
$$15 \times 2 \times 1000 = 30000$$
$$1000000 + 30000 + 225 = 1030225$$

所以，$1015^2 = 1030225$。

（3）計算 $1024^2 = $ _____。

$$24 \times 24 = 576$$
$$24 \times 2 \times 1000 = 48000$$
$$1000000 + 48000 + 576 = 1048576$$

所以，$1024^2 = 1048576$。

練習

（1）計算 $101^2 = $ _____。

（2）計算 $109^2 = $ _____ 。

（3）計算 $1025^2 = $ _____ 。

（4）計算 $1096^2 = $ _____ 。

（5）計算 $1074^2 = $ _____ 。

（6）計算 $1011^2 = $ _____ 。

## ● 兩位數的立方

方法

（1）把要求立方的這個兩位數用 $ab$ 表示，其中 $a$ 為十位上的數字，$b$ 為個位上的數字。

（2）分別計算出 $a^3$、$a^2b$、$ab^2$、$b^3$ 的值，寫在第一排。

（3）將上一排中間的兩個數 $a^2b$、$ab^2$ 分別乘以 2，寫在第二排對應的 $a^2b$、$ab^2$ 下面。

（4）將上面兩排數字相加，所得即為答案（注意進位）。

例子

（1）計算 $12^3 = $ ＿＿＿＿＿＿。

$$a=1,\ b=2$$
$$a^3=1,\ a^2b=2,\ ab^2=4,\ b^3=8$$

|  | 1 | 2 | 4 | 8 |
|---|---|---|---|---|
|  |  | 4 | 8 |  |
| | 1 | 6 | 12 | 8 |
| 進位 | 1 | 7 | 2 | 8 |

所以，$12^3 = 1728$。

（2）計算 $26^3 = $ ＿＿＿＿＿＿。

$$a=2,\ b=6$$
$$a^3=8,\ a^2b=24,\ ab^2=72,\ b^3=216$$

| | 8 | 24 | 72 | 216 |
|---|---|---|---|---|
| | | 48 | 144 | |

| | 8 | 72 | 216 | 216 |
|---|---|---|---|---|
| 進位 | 1 | 7 | 5 | 7 | 6 |

所以，$26^3 = 17576$。

（3）計算 $21^3 =$ _____。

$$a=2,\ b=1$$
$$a^3=8,\ a^2b=4,\ ab^2=2,\ b^3=1$$

| | 8 | 4 | 2 | 1 |
|---|---|---|---|---|
| | | 8 | 4 | |

| | 8 | 12 | 6 | 1 |
|---|---|---|---|---|
| 進位 | 9 | 2 | 6 | 1 |

所以，$21^3 = 9261$。

**練習**

（1）計算 $31^3 =$ _____。

（2）計算 $24^3 =$ _____。

（3）計算 $76^3 =$ _____。

（4）計算 $97^3 =$ _____。

（5）計算 $15^3 =$ _____。

（6）計算 $22^3 =$ _____。

# 第五章　除法速算法及其他技巧

## ● 如果除數以 5 結尾

### 方法

　　將被除數和除數同時乘以一個數，使除數變成容易計算的數字。

### 例子

　　（1）計算 2436÷5 ＝ _____。

　　將被除數和除數同時乘以 2，

　　得到 4872÷10，

　　結果是 487.2，

　　所以，2436÷5 ＝ 487.2。

　　（2）計算 1324÷25 ＝ _____。

　　將被除數和除數同時乘以 4，

　　得到 5296÷100，

　　結果是 52.96，

　　所以，1324÷25 ＝ 52.96。

　　（3）計算 2445÷15 ＝ _____。

　　將被除數和除數同時乘以 2，

　　得到 4890÷30，

　　結果是 163，

　　所以，2445÷5 ＝ 163。

注意：

這種被除數和除數同時乘以一個數後再進行簡單計算的情況，不適用於商和餘數的形式。

練習

（1）計算 $1024 \div 15 =$ _____。

（2）計算 $8569 \div 25 =$ _____。

（3）計算 $1111 \div 55 =$ _____。

（4）計算 $9578 \div 5 =$ _____。

（5）計算 649÷35 ＝ _____ 。

（6）計算 64÷5 ＝ _____ 。

## ● 一個數除以 9 的神奇規律

在這裡的除法我們不計算成小數的形式。如果除不盡，我們會表示為商是幾餘幾的形式。

### 1‧兩位數除以 9

方法

（1）商是被除數的第一位。

（2）餘數是被除數個位和十位上數字的和。

例子

（1）計算 24÷9 ＝ _____ 。

商是 2，

餘數是 2 + 4 = 6，

所以，24÷9 = 4 餘 6。

當然，這種算法有特殊情況。

（2）計算 28÷9 = _____。

商是 2，

餘數是 2 + 8 = 10，

我們發現個位數和十位數相加大於除數 9，這時則需要調整一下進位，變成商是 3，餘數是 1。

所以，28÷9 = 3 餘 1。

（3）計算 27÷9 = _____。

商是 2，

餘數是 2 + 7 = 9，

個位數和十位數相加等於除數 9，說明可以除盡。

因此進位後，商為 3，

所以，27÷9 = 3。

## 2 · 三位數除以 9

方法

（1）商的十位是被除數的第一位。

（2）商的個位是被除數的第一位和第二位的和。

（3）餘數是被除數的個位、十位和百位上數字的總和。

（4）注意當商中某一位大於等於 10 或當餘數大於等於 9 的時候需進位調整。

## 例子

（1）計算 $124 \div 9 =$ ＿＿＿＿＿。

商的十位數是 1，個位數是 $1 + 2 = 3$，

所以商是 13，

餘數是 $1 + 2 + 4 = 7$，

所以，$124 \div 9 = 13$ 餘 7。

（2）計算 $284 \div 9 =$ ＿＿＿＿＿。

商的十位數是 2，個位數是 $2 + 8 = 10$，

所以商是 30，

餘數是 $2 + 8 + 4 = 14$，

進位調整商是 31，餘數是 5，

所以，$284 \div 9 = 31$ 餘 5。

（3）計算 $369 \div 9 =$ ＿＿＿＿＿。

商的十位數是 3，個位數是 $3 + 6 = 9$，

所以商是 39，

餘數是 $3 + 6 + 9 = 18$，

進位調整商是 41，餘數是 0，

所以，$369 \div 9 = 41$。

3．四位數除以 9

方法

（1）商的百位是被除數的第一位。

（2）商的十位是被除數的第一位和第二位的和。

（3）商的個位是被除數前三位的數字和。

（4）餘數是被除數各位上數字的總和。

（5）注意當商中某一位大於等於 10 或當餘數大於等於 9 的時候進位調整。

例子

（1）計算 2114÷9 ＝ ＿＿＿＿＿。

商的百位數是 2，十位數是 2 ＋ 1 ＝ 3，個位數是 2 ＋ 1 ＋ 1 ＝ 4，

所以商是 234，

餘數是 2 ＋ 1 ＋ 1 ＋ 4 ＝ 8，

所以，2114÷9 ＝ 234 餘 8。

（2）計算 2581÷9 ＝ ＿＿＿＿＿。

商的百位數是 2，十位數是 2 ＋ 5 ＝ 7，個位數是 2 ＋ 5 ＋ 8 ＝ 15，

所以商是 285，

餘數是 2 ＋ 5 ＋ 8 ＋ 1 ＝ 16，

進位調整商是 286，餘數是 7，

所以，2581÷9 = 286 餘 7。

（3）計算 3721÷9 = ＿＿＿＿。

商的百位數是 3，十位數是 3 ＋ 7 = 10，個位數是 3 ＋

7 ＋ 2 = 12，

所以商是 412，

餘數是 3 ＋ 7 ＋ 2 ＋ 1 = 13，

進位調整商是 413，餘數是 4，

所以，3721÷9 = 413 餘 4。

練習

（1）計算 98÷9 = ＿＿＿＿。

（2）計算 52÷9 = ＿＿＿＿。

（3）計算 214÷9 = _____。

（4）計算 725÷9 = _____。

（5）計算 2114÷9 = _____。

（6）計算 6513÷9 = _____。

## ● 印度驗算法

　　我們平時進行驗算時，往往是重新計算一遍，看結果是否與上一次的結果相同，這相當於用兩倍的時間來計算一個題目。而印度的驗算法相當簡單，首先需要定義一個方法 $N(a)$，它的目的是將一個多位數轉化為一個個位數。它的運算規則如下：①如果 $a$ 是多位數，那麼 $N(a)$ 就等於 $N$（這個多位數各位上數字的和）；②如果 $a$ 是個一位數，那麼 $N(a) = a$；③如果 $a$ 是負數，那麼 $N(a) = (a+9)$；④$N(a) + N(b) = a + b$，$N(a) - N(b) = a - b$，$N(a) \times N(b) = a \times b$。

　　有了這個定義，我們就能對加減乘法進行驗算了（除法不適用）。

例子

　　（1）驗算 $75 + 26 = 101$。

左邊：

$$N(75) + N(26) = N(7+5) + N(2+6)$$
$$= N(12) + N(8)$$
$$= N(1+2) + N(8)$$
$$= N(3) + N(8)$$

$$= N\,(3 + 8)$$
$$= N\,(11)$$
$$= N\,(2)$$
$$= 2$$

右邊：

$$N\,(101) = N\,(1 + 0 + 1)$$
$$= N\,(2)$$
$$= 2$$

左邊和右邊相等，說明計算正確。

（2）驗算 $75 - 26 = 49$。

左邊：

$$N\,(75) - N\,(26) = N\,(7 + 5) - N$$
$$(2 + 6)$$
$$= N\,(12) - N\,(8)$$

**注意：**

這一步可以直接得到 4，下面的方法是讓大家了解負數的情況如何計算。

$$= N\,(1+2) - N\,(8)$$
$$= N\,(3) - N\,(8)$$
$$= N\,(3-8)$$
$$= N\,(-5)$$
$$= N\,(-5+9)$$
$$= N\,(4)$$
$$= 4$$

右邊：

$$N\,(49) = N\,(4+9)$$
$$= N\,(13)$$
$$= N\,(1+3)$$
$$= N\,(4)$$
$$= 4$$

左邊和右邊相等，說明計算正確。

（3）驗算 $75 \times 26 = 1950$。

左邊：

$$N\,(75) \times N\,(26) = N\,(7+5) \times N$$
$$(2+6)$$
$$= N\,(12) \times N\,(8)$$
$$= N\,(96)$$

$$= N\,(9 + 6)$$
$$= N\,(15)$$
$$= N\,(1 + 5)$$
$$= N\,(6)$$
$$= 6$$

右邊：

$$N\,(1950) = N\,(1 + 9 + 5 + 0)$$
$$= N\,(15)$$
$$= N\,(1 + 5)$$
$$= 6$$

左邊和右邊相等，說明計算正確。

練習

（1）驗算 $88 + 26 = 114$。

（2）驗算 94 ＋ 63 ＝ 157。

（3）驗算 105 － 26 ＝ 79。

（4）驗算 6675 － 526 ＝ 6149。

（5）驗算 97×16 ＝ 1552。

（6）驗算 37×77 ＝ 2849。

## ● 完全平方數的平方根

所謂完全平方數，就是指這個數是某個整數的平方。也就是說一個數如果是另一個整數的平方，那麼我們就稱這個數為完全平方數，也叫作平方數。

例如，如表 5-1 所示。

表　5-1

| $1^2 = 1$ | $2^2 = 4$ | $3^2 = 9$ |
|---|---|---|
| $4^2 = 16$ | $5^2 = 25$ | $6^2 = 36$ |
| $7^2 = 49$ | $8^2 = 64$ | $9^2 = 81$ |
| $10^2 = 100$ | …… | |

觀察這些完全平方數，可以獲得對它們的個位數、十位數數字和等規律性的認知。下面我們來研究完全平方數的一些常用性質。

**性質 1：完全平方數的末位數只能是 1、4、5、6、9 或者 00。**

換句話說，一個數字如果以 2、3、7、8 或者單個 0 結尾，那麼這個數一定不是完全平方數。

**性質 2：奇數的平方的個位數字為奇數，偶數的平方的個位數字為偶數。**

證明：

奇數必為下列五種形式之一。

10a＋1、10a＋3、10a＋5、10a＋7、10a＋9

分別平方後，得

$$(10a + 1)^2 = 100a^2 + 20a + 1 =$$
$$20a(5a + 1) + 1$$
$$(10a + 3)^2 = 100a^2 + 60a + 9 =$$
$$20a(5a + 3) + 9$$
$$(10a + 5)^2 = 100a^2 + 100a + 25$$
$$= 20(5a + 5a + 1) + 5$$
$$(10a + 7)^2 = 100a^2 + 140a + 49$$
$$= 20(5a + 7a + 2) + 9$$
$$(10a + 9)^2 = 100a^2 + 180a + 81$$
$$= 20(5a + 9a + 4) + 1$$

綜上所述各種情形可知：奇數的平方，個位數字為奇數 1、5、9，十位數字為偶數。

同理可證明偶數的平方的個位數字一定是偶數。

**性質 3：如果完全平方數的十位數字是奇數，則它的個位數字一定是 6；反之，如果完全平方數的個位數字是 6，則它的十位數字一定是奇數。**

推論 1：如果一個數的十位數字是奇數，而個位數字不是 6，那麼這個數一定不是完全平方數。

推論 2：如果一個完全平方數的個位數字不是 6，則它的

十位數字是偶數。

**性質 4：偶數的平方是 4 的倍數；奇數的平方是 4 的倍數加 1。**

算式如下：

$$(2k + 1)^2 = 4k(k + 1) + 1$$
$$(2k)^2 = 4k^2$$

**性質 5：奇數的平方是 8n + 1 型；偶數的平方為 8n 或 8n + 4 型。**

在性質 4 的證明中，由 $k(k + 1)$ 一定為偶數可得到 $(2k + 1)^2$ 是 $8n + 1$ 型的數；由為奇數或偶數可得 $(2k)^2$ 為 $8n$ 型或 $8n + 4$ 型的數。

**性質 6：平方數的形式必為下列兩種之一，即 3k、3k + 1。**

因為自然數被 3 除按餘數的不同可以分為三類：$3m$、$3m + 1$、$3m + 2$。進行平方運算後，分別得

$$(3m)^2 = 9m^2 = 3k$$
$$(3m + 1)^2 = 9m^2 + 6m + 1 = 3k + 1$$
$$(3m + 2)^2 = 9m^2 + 12m + 4 = 3k + 1$$

性質 7：不是 5 的因數或倍數的數的平方為 5k ＋ / － 1 型，是 5 的因數或倍數的數為 5k 型。

性質 8：平方數的形式具有下列形式之一，即 16m、16m ＋ 1、16m ＋ 4、16m ＋ 9。

記住完全平方數的這些性質，有利於我們判斷一個數是不是完全平方數，為此，我們要記住以下結論。

（1）個位數字是 2、3、7、8 的整數一定不是完全平方數。

（2）個位數和十位數都是奇數的整數一定不是完全平方數。

（3）個位數是 6，十位數是偶數的整數一定不是完全平方數。

（4）形如 $3n ＋ 2$ 型的整數一定不是完全平方數。

（5）形如 $4n ＋ 2$ 和 $4n ＋ 3$ 型的整數一定不是完全平方數。

（6）形如 $5n ± 2$ 型的整數一定不是完全平方數。

（7）形如 $8n ＋ 2$、$8n ＋ 3$、$8n ＋ 5$、$8n ＋ 6$、$8n ＋ 7$ 型的整數一定不是完全平方數。

除此之外，要找出一個完全平方數的平方根，還要弄清以下兩個問題。

（1）如果一個完全平方數的位數為 $n$，那麼，它的平方根的位數為 $n / 2$ 或 $(n ＋ 1) / 2$。

（2）記住對應數。只有了解這些對應數，才能找到平方根。見表 5-2。

表　5-2

| 數字 | 對應數 |
|---|---|
| a | a2 |
| ab | 2ab |
| abc | 2ac + b2 |
| abcd | 2ad + abc |
| abcde | 2ae + 2bd + c2 |
| abcdef | 2af + 2be + 2cd |

方法

（1）先根據被開方數的位數計算出結果的位數。

（2）將被開方數的各位數字分成若干組（如果位數為奇數，則每個數字各成一組；如果位數為偶數，則前兩位為一組，其餘數字各成一組）。

（3）看第一組數字最接近哪個數的平方，找出答案的第一位數（答案第一位數的平方一定要不大於第一組數字）。

（4）將第一組數字減去答案第一位數字的平方所得的差，與第二組數字組成的數字作為被除數，答案的第一位數字的 2 倍作為除數，所得的商為答案的第二位數字，餘數則與下一組數字作為下一步計算之用（如果被開方數的位數不超過 4 位，到這一步即可結束）。

（5）將上一步所得的數字減去答案第二位數字的對應數（如果結果為負數，則將上一步中得到的商的第二位數字減 1

重新計算），所得的差作為被除數；依然以答案的第一位數字的 2 倍作為除數，商即為答案的第三位數字（如果被開方數為 5 位或 6 位，則會用到此步。7 位以上過於複雜，我們暫且忽略）。

### 例子

（1）計算 2116 的平方根。

因為被開方數為 4 位，根據前面的公式，平方根的位數應該為

$$4 \div 2 = 2（位）$$

因為位數為 4，是偶數，所以前兩位分為一組，其餘數字各成一組，分組得

$$21 \quad 1 \quad 6$$

找出答案的第一位數字：$4^2 = 16$ 最接近 21，所以答案的第一位數字為 4。

將 4 寫在與 21 對應的下面，$21 - 4^2 = 5$，寫在 21 的右下方，與第二組數字 1 構成被除數 51。$4 \times 2 = 8$ 為除數寫在最左側，得到圖 5-1。

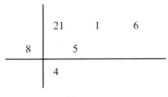

圖　5-1

　　$51 \div 8 = 6$ 餘 $3$，把 $6$ 寫在第二組數字 $1$ 下面對應的位置，作為第二位的數字；餘數 $3$ 寫在第二組數字 $1$ 的右下方。而 $36 - 6^2 = 0$，見圖 5-2。

```
        21      1      6
  8  |      5      3
     |  4      6
```

圖　5-2

　　這樣就得到了答案，即 2116 的平方根為 46。

　　（2）計算 9604 的平方根。

　　因為被開方數為 4 位，根據前面的公式，平方根的位數應該為

$$4 \div 2 = 2 \ (位)$$

　　因為位數為 4，是偶數，所以前兩位分為一組，其餘數字各成一組，分組得

96　　0　　4

找出答案的第一位數字：$9^2 = 81$ 最接近 96，所以答案的第一位數字為 9。

將 9 寫在與 96 對應的下面，$96 - 9^2 = 15$，寫在 96 的右下方，與第二組數字 0 構成被除數 150。$9×2 = 18$ 為除數寫在最左側，得到圖 5-3。

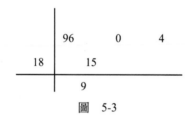

圖　5-3

$150÷18 = 8$ 餘 6，把 8 寫在第二組數字 0 下面對應的位置，作為第二位的數字；餘數 3 寫在第二組數字 0 的右下方。而 $64 - 8^2 = 0$，見圖 5-4。

|  | 96 | 0 | 4 |
|---|---|---|---|
| 18 | 15 | 6 | |
|  | 9 | 8 | |

圖　5-4

這樣就得到了答案，即 9604 的平方根為 98。

（3）計算 18496 的平方根。

因為被開方數為 5 位，根據前面的公式，平方根的位數應該為

$$（5＋1）÷2＝3 位$$

因為位數為 5，是奇數，所以每個數字各成一組，分組得

$$1 \quad 8 \quad 4 \quad 9 \quad 6$$

找出答案的第一位數字：$1^2＝1$ 最接近 1，所以答案的第一位數字為 1。

將 1 寫在與第一組數字 1 對應的下面，$1－1^2＝0$，寫在 1 的右下方，與第二組數字 8 構成被除數 8。$1×2＝2$ 為除數寫在最左側，得到圖 5-5。

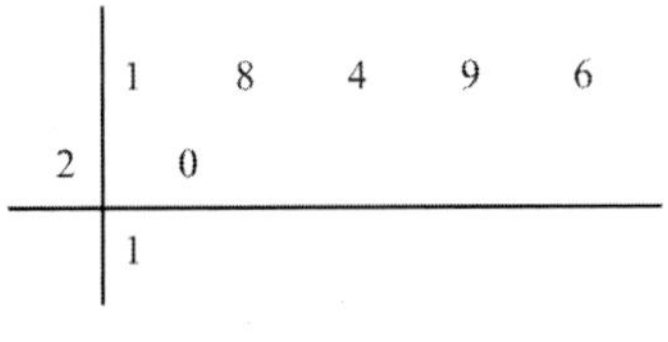

圖 5-5

$8÷2＝4$ 餘 0，把 4 寫在第二組數字 8 下面對應的位置，作為第二位的數字；餘數 0 寫在第二組數字 8 的右下方，見圖 5-6。

```
        │  1   8   4   9   6
    2   │  0   0
     ───┼──────────────────────
        │  1   4
```

圖　5-6

因為答案第二位的對應數為 $4^2 = 16$，$4 - 16$ 為負數，所以將上一步得到的答案第二位改為 3，變為圖 5-7。

```
        │  1   8   4   9   6
    2   │  0   2
     ───┼──────────────────────
        │  1   3
```

圖　5-7

減去對應數後，$24 - 3^2 = 15$，15 除以除數 2 等於 7，見圖 5-8。

```
        │  1   8   4   9   6
    2   │  0   2   1
     ───┼──────────────────────
        │  1   3   7
```

圖　5-8

此時發現 19 減去 37 的對應數依然是負數，所以將上一位的 7 改為 6，此時減去對應數後才不是負數，見圖 5-9。

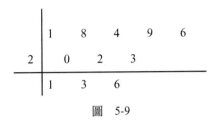

圖 5-9

這樣就得到了答案，即 18496 的平方根為 136。

（4）計算 729316 的平方根。

因為被開方數為 6 位，根據前面的公式，平方根的位數應該為

$$6 \div 2 = 3 \text{（位）}$$

因為位數為 6，是偶數，所以前兩位為一組，其餘數字各成一組，分組得

$$72 \quad 9 \quad 3 \quad 1 \quad 6$$

找出答案的第一位數字：$8^2 = 64$ 最接近 72，所以答案的第一位數字為 8。

將 8 寫在與第一組數字 72 對應的下面，$72 - 8^2 = 8$，寫在 72 的右下方，與第二組數字 9 構成被除數 89。$8 \times 2 = 16$ 為除數寫在最左側，得到圖 5-10。

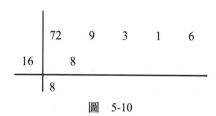

圖　5-10

$89 \div 16 = 5$ 餘 9，把 5 寫在第二組數字 9 下面對應的位置，作為第二位的數字；餘數 9 寫在第二組數字 9 的右下方，見圖 5-11。

圖　5-11

減去對應數後，$93 - 5^2 = 68$，68 除以除數 16 等於 4 餘 4，見圖 5-12。

圖　5-12

41 減去 54 的對應數為 1，為正數，所以就得到了答案，即 729316 的平方根為 854。

練習

（1）計算 9604 的平方根。

（2）計算 3025 的平方根。

（3）計算 676 的平方根。

（4）計算 2209 的平方根。

（5）計算 10404 的平方根。

（6）計算 39601 的平方根。

## ● 完全立方數的立方根

相對來說，完全立方數的立方根要比完全平方數的平方根計算起來簡單得多。但是，我們還是先要了解一下計算立方根的背景資料，見表 5-3。

表　5-3

| 13 = 1 | 23 = 8 | 33 = 27 |
|---|---|---|
| 43 = 64 | 53 = 125 | 63 = 216 |
| 73 = 343 | 83 = 512 | 93 = 729 |
| 103 = 1000 | …… | |

觀察這些完全立方數，可以發現一個很有意思的特點：1 ～ 9 立方的末位數也分別是 1 ～ 9，不多也不少。2 的立方尾數為 8，而 8 的立方尾數為 2；3 的立方尾數為 7，而 7 的

立方尾數為3；1、4、5、6、9的立方的尾數依然是1、4、5、6、9；10的立方尾數有3個0。記住這些規律，對我們求解一個完全立方數的立方根是有好處的。

方法

（1）將立方數排列成一橫排，從最右邊開始，每三位數加一個逗號，這樣一個完全立方數就被逗號分成了若干個組。

（2）看最右邊一組的尾數是多少，從而確定立方根的最後一位數。

（3）看最左邊一組，看它最接近哪個數的立方（這個數的立方不能大於這組數），從而確定立方根的第一位數。

（4）這個方法對於位數不多的求立方根的完全立方數比較適用。

例子

（1）求9261的立方根。

$$9,\ 261$$
$$2\qquad 1$$

先看後三位數，尾數為1，所以立方根的尾數也為1，再看逗號前面為9，而$2^3 = 8$，所以立方根的第一位是2，所以9261的立方根為21。

（2）求 778688 的立方根。

$$778，688$$

$$9 \qquad 2$$

先看後三位數，尾數為 8，所以立方根的尾數為 2，

再看逗號前面為 778，而 $9^3 = 729$，所以立方根的第一位是 9，

所以 778688 的立方根為 92。

（3）求 17576 的立方根。

$$17，576$$

$$2. \qquad 6$$

先看後三位數，尾數為 6，所以立方根的尾數為 6，

再看逗號前面為 17，而 $2^3 = 8$，$3^3 = 27$ 就大於 17 了，所以立方根的第一位是 2，

所以 17576 的立方根為 26。

練習

（1）計算 1331 的立方根。

（2）計算 3375 的立方根。

（3）計算 9261 的立方根。

（4）計算 729 的立方根。

（5）計算 13824 的立方根。

（6）計算 512 的立方根。

## ● 將純循環小數轉換成分數

### 方法

（1）設 $a$ 等於這個循環小數。

（2）看循環小數是幾位循環。如果是多位循環，就乘以相應的整數，即 1 位循環乘以 10，2 位循環乘以 100，3 位循環乘以 1000，其他以此類推。

（3）將上一步所得的結果與第一步的算式相減。

（4）能約分的進行約分。

### 例子

（1）將純循環小數 0.555555……轉換成分數。

設 $a = 0.5555……$

兩邊同時乘以 10，得到 $10a = 5.5555……$，

相減得到 $9a = 5$，

$a = 5 / 9$，

所以，0.555555……轉換成分數為 5 / 9。

（2）將純循環小數 0.272727……轉換成分數。

設 $a = 0.272727……$

兩邊同時乘以 100，得到 $100a = 27.272727……$，

相減得到 $99a = 27$，

$a = 27 / 99 = 3 / 11$，

所以，0.272727……轉換成分數為 3 / 11。

（3）將純循環小數 0.080808……轉換成分數。

設 $a = 0.080808……$

兩邊同時乘以 100，得到 $100a = 8.0808……$，

相減得到 $99a = 8$，

$a = 8 / 99$，

所以，0.080808……轉換成分數為 8 / 99。

練習

（1）將純循環小數 0.7777……轉換成分數。

（2）將純循環小數 0.545454……轉換成分數。

（3）將純循環小數 0.121121121……轉換成分數。

（4）將純循環小數 $0.818181\cdots\cdots$ 轉換成分數。

## ● 二元一次方程的解法

我們都學習過二元一次方程式。一般的解法是消去某個未知數，然後代入求解。例如 $\begin{cases} 2x+y=5\cdots\cdots① \\ x+2y=4\cdots\cdots② \end{cases}$ 下面的問題：

我們一般的解法是把①式寫成 $y = 5 - 2x$ 的形式，代入②式中，消去 $y$，解出 $x$，然後代入解出 $y$。或者將①式等號兩邊同時乘以 2，變成 $4x + 2y = 10$，與②式相減，消去 $y$，解出 $x$，然後代入解出 $y$。

這種方法在 $x$、$y$ 的係數比較小的時候用起來比較方便，一旦係數變大，計算起來就複雜多了。下面我們介紹一種更簡單的方法。

方法

（1）將方程式寫成 $\begin{cases} ax+by=c \\ dx+ey=f \end{cases}$ 的形式。

（2）將兩個式子中 $x$、$y$ 的係數交叉相乘，並相減，所得

的數作為分母。

（3）將兩個式子中 $x$ 的係數與常數交叉相乘，並相減，所得的數作為 $y$ 的分子。

（4）將兩個式子中的常數和 $y$ 的係數交叉相乘，並相減，所得的數作為 $x$ 的分母，即 $x = (ce - fb) / (ae - db)$，$y = (af - dc) / (ae - db)$。

例子

（1）$\begin{cases} 3x+y=10 \\ x+2y=10 \end{cases}$

先計算出 $x$、$y$ 的係數交叉相乘的差，即 $3 \times 2 - 1 \times 1 = 5$；

再計算出 $x$ 的係數與常數交叉相乘的差，即 $3 \times 10 - 1 \times 10 = 20$；

最後計算出常數與 $y$ 的係數交叉相乘的差，即 $10 \times 2 - 10 \times 1 = 10$。

這樣 $x = 10 / 5 = 2$，$y = 20 / 5 = 4$。

所以，結果為 $\begin{cases} x=2 \\ y=4 \end{cases}$。

（2）$\begin{cases} 2x+y=8 \\ 3x+2y=13 \end{cases}$

先計算出 $x$、$y$ 的係數交叉相乘的差，即 $2 \times 2 - 3 \times 1 = 1$；

再計算出 $x$ 的係數與常數交叉相乘的差，即 $2 \times 13 - 3 \times 8 = 2$；

最後計算出常數與 $y$ 的係數交叉相乘的差，即 $8 \times 2 - 13 \times 1 = 3$。

這樣 $x = 3 / 1 = 3$，$y = 2 / 1 = 2$。

所以，結果為 $\begin{cases} x=3 \\ y=2 \end{cases}$。

（3）$\begin{cases} 9x+y=-5 \\ 7x+2y=1 \end{cases}$

先計算出 $x$、$y$ 的係數交叉相乘的差，即 $9 \times 2 - 7 \times 1 = 11$；

再計算出 $x$ 的係數與常數交叉相乘的差，即 $9 \times 1 - 7 \times (-5) = 44$；

最後計算出常數與 $y$ 的係數交叉相乘的差，即 $(-5) \times 2 - 1 \times 1 = -11$。

這樣 $x = -11 / 11 = -1$，$y = 44 / 11 = 4$。

所以，結果為 $\begin{cases} x=-1 \\ y=4 \end{cases}$。

練習

（1） $\begin{cases} 3x+y=14 \\ 5x+2y=25 \end{cases}$

（2） $\begin{cases} 4x+y=11 \\ 3x+2y=12 \end{cases}$

（3） $\begin{cases} 2x+7y=23 \\ 5x+3y=14 \end{cases}$

# ● 一位數與 9 相乘的手算法

### 方法

（1）伸出雙手，並列放置，手心對著自己。

（2）從左到右的 10 根手指分別編號為 1 ～ 10。

（3）計算某個數與 9 的乘積時，只需將編號為這個數的手指彎曲起來，然後數彎曲的手指左邊和右邊各有幾根手指即可。

（4）彎曲手指左邊的手指數為結果的十位數字，彎曲手指右邊的手指數為結果的個位數字，這樣就可以輕鬆得到結果。

### 例子

（1）計算 2×9 ＝ ＿＿＿＿＿。

伸出 10 根手指，

將左起第 2 根手指彎曲，

數出彎曲手指左邊的手指數為 1，

數出彎曲手指右邊的手指數為 8，

結果即為 18。

所以，2×9 ＝ 18。

（2）計算 9×9 ＝ ＿＿＿＿＿。

伸出 10 根手指，

將左起第 9 根手指彎曲，

數出彎曲手指左邊的手指數為 8，

數出彎曲手指右邊的手指數為 1，

結果即為 81。

所以，9×9 = 81。

（3）計算 5×9 = _____。

伸出 10 根手指，

將左起第 5 根手指彎曲，

數出彎曲手指左邊的手指數為 4，

數出彎曲手指右邊的手指數為 5，

結果即為 45。

所以，5×9 = 45。

練習

（1）計算 1×9 = _____。

（2）計算 4×9 = _____。

（3）計算 $6\times9=$ _____。

（4）計算 $7\times9=$ _____。

（5）計算 $8\times9=$ _____。

## ● 兩位數與 9 相乘的手算法

方法

（1）伸出雙手，並列放置，手心對著自己。

（2）從左到右的 10 根手指分別編號為 $1\sim10$。

（3）計算某個兩位數與 9 的乘積時，兩位數的十位數字是幾，就加大第幾根手指與後面手指的指縫。

（4）兩位數的個位數字是幾，就把編號為這個數的手指彎曲起來。

（5）指縫前面的伸直的手指數為結果的百位數字，指縫右邊開始到彎曲手指之間的手指數為結果的十位數字，彎曲手指右邊的手指數為結果的個位數字，這樣就可以輕鬆得到結果（如果彎曲的手指不在指縫的右邊，則從外面計算）。

## 例子

（1）計算 28×9 = ＿＿＿＿＿。

伸出 10 根手指。

因為十位數是 2，所以把第二根手指與第三根手指間的指縫加大。

因為個位數是 8，將左起第八根手指彎曲。

數出指縫前伸直的手指數為 2。

數出指縫右邊到彎曲手指之間的手指數為 5。

數出彎曲手指右邊的手指數為 2。

結果即為 252，

所以，28×9 = 252。

（2）計算 65×9 = ＿＿＿＿＿。

伸出 10 根手指。

因為十位數是 6，所以把第六根手指與第七根手指間的指縫加大。

因為個位數是 5，將左起第五根手指彎曲。

數出指縫前伸直的手指數為 5。

數出指縫右邊到彎曲手指之間的手指數，因為彎曲手指在指縫的左邊，所以從外面數。即指縫右邊有 4 根手指，最前面到彎曲手指之間有 4 根手指，加起來為 8。

數出彎曲手指右邊的手指數為 5。

結果即為 585，

所以，$65 \times 9 = 585$。

（3）計算 $77 \times 9 = $ _____。

伸出 10 根手指。

因為十位數是 7，所以把第七根手指與第八根手指間的指縫加大。

因為個位數是 7，將左起第七根手指彎曲。

數出指縫前伸直的手指數為 6。

數出指縫右邊到彎曲手指之間的手指數，因為彎曲手指在指縫的左邊，所以從外面數，即指縫右邊有 3 根手指，最前面到彎曲手指之間有 6 根手指，加起來為 9。

數出彎曲手指右邊的手指數為 3。

結果即為 693，

所以，$77 \times 9 = 693$。

練習

（1）計算 $12 \times 9 =$ _____。

（2）計算 $99 \times 9 =$ _____。

（3）計算 $41 \times 9 =$ _____。

（4）計算 $89 \times 9 =$ _____。

（5）計算 72×9 = ＿＿＿＿＿＿。

（6）計算 57×9 = ＿＿＿＿＿＿。

## ● 6～10 中乘法的手算法

方法

（1）伸出雙手，手心對著自己，指尖相對。

（2）從每隻手的小拇指開始到大拇指，分別編號為 6～10。

（3）計算 6～10 中的兩個數相乘時，將左手中表示被乘數的手指與右手中表示乘數的手指對在一起。

（4）這時，相對的兩個手指及下面的手指數之和為結果十位上的數字。

（5）上面手指數的乘積為結果個位上的數字。

## 例子

（1）計算 8×9 ＝ ＿＿＿＿＿。

伸出雙手，手心對著自己，指尖相對。

因為被乘數是 8，乘數是 9，所以把左手中代表 8 的手指（中指）和右手中代表 9 的手指（食指）對起來。

此時，相對的兩個手指加上下面的 5 根手指是 7。

上面左手有 2 根手指，右手有 1 根手指，乘積為 2。

所以結果為 72，

所以，8×9 ＝ 72。

（2）計算 6×8 ＝ ＿＿＿＿＿。

伸出雙手，手心對著自己，指尖相對。

因為被乘數是 6，乘數是 8，所以把左手中代表 6 的手指（小拇指）和右手中代表 8 的手指（中指）對起來。

此時，相對的兩個手指加上下面的 2 根手指是 4。

上面左手有 4 根手指，右手有 2 根手指，乘積為 8。

所以結果為 48，

所以，6×8 ＝ 48。

（3）計算 6×6 ＝ ＿＿＿＿＿。

伸出雙手，手心對著自己，指尖相對。

因為被乘數是 6，乘數是 6，所以把左手中代表 6 的手指（小拇指）和右手中代表 6 的手指（小拇指）對起來。

此時，相對的兩個手指加上下面 0 根手指是 2。

上面左手有 4 根手指，右手有 4 根手指，乘積為 16。

所以結果為 36（注意進位），

所以，6×6 ＝ 36。

（4）計算 9×10 ＝ ＿＿＿＿＿＿。

伸出雙手，手心對著自己，指尖相對。

因為被乘數是 9，乘數是 10，所以把左手中代表 9 的手指（食指）和右手中代表 10 的手指（大拇指）對起來。

此時，相對的兩個手指加上下面 7 根手指是 9。

上面左手有 1 根手指，右手有 0 根手指，乘積為 0。

所以結果為 90，

所以，9×10 ＝ 90。

練習

（1）計算 9×9 ＝ ＿＿＿＿＿＿。

（2）計算 $6 \times 10 = $ _____。

（3）計算 $7 \times 6 = $ _____。

# ● 11 ～ 15 中乘法的手算法

方法

（1）伸出雙手，手心對著自己，指尖相對。

（2）從每隻手的小拇指開始到大拇指，分別編號為 11 ～ 15。

（3）計算 11 ～ 15 中的兩個數相乘時，將左手中表示被乘數的手指與右手中表示乘數的手指對在一起。

（4）這時，相對的兩個手指及下面的手指數之和為結果十位上的數字。

（5）相對手指的下面左手手指數（包括相對的手指）和右手手指數的乘積為結果個位上的數字。

（6）在上面結果的百位上加上 1 即可。

## 例子

（1）計算 $12 \times 14 = $ _____。

伸出雙手，手心對著自己，指尖相對。

因為被乘數是 12，乘數是 14，所以把左手中代表 12 的手指（無名指）和右手中代表 14 的手指（食指）對起來。

此時，相對的兩個手指加上下面的 4 根手指是 6。

下面左手有 2 根手指，右手有 4 根手指，乘積為 8。

百位上加上 1，結果為 168，

所以，$12 \times 14 = 168$。

（2）計算 $15 \times 13 = $ _____。

伸出雙手，手心對著自己，指尖相對。

因為被乘數是 15，乘數是 13，所以把左手中代表 15 的手指（大拇指）和右手中代表 13 的手指（中指）對起來。

此時，相對的兩個手指加上下面的 6 根手指是 8。

下面左手有 5 根手指，右手有 3 根手指，乘積為 15。

百位上加上 1，結果為 195（注意進位），

所以，$15 \times 13 = 195$。

（3）計算 $11 \times 11 = $ _____。

伸出雙手，手心對著自己，指尖相對。

因為被乘數是 11，乘數是 11，所以把左手中代表 11 的手指（小拇指）和右手中代表 11 的手指（小拇指）對起來。

此時，相對的兩個手指加上下面的 0 根手指是 2。

下面左手有 1 根手指，右手有 1 根手指，乘積為 1。

百位上加上 1，結果為 121，

所以，$11 \times 11 = 121$。

練習

（1）計算 $15 \times 15 =$ _____。

（2）計算 $11 \times 14 =$ _____。

（3）計算 $12 \times 13 =$ _____。

# ● 16 ～ 20 中乘法的手算法

## 方法

（1）伸出雙手，手心對著自己，指尖相對。

（2）從每隻手的小拇指開始到大拇指，分別編號為 16 ～ 20。

（3）計算 16 ～ 20 中的兩個數相乘時，將左手中表示被乘數的手指與右手中表示乘數的手指對在一起。

（4）這時，包括相對的手指在內，把下方的左手手指數量和右手手指數量相加，再乘以 2，為結果十位上的數字。

（5）上方剩餘的左手手指數和右手手指數的乘積為結果個位上的數字。

（6）在上面結果的百位上加上 2 即可。

## 例子

（1）計算 $18 \times 19 =$ ＿＿＿＿＿。

伸出雙手，手心對著自己，指尖相對。

因為被乘數是 18，乘數是 19，所以把左手中代表 18 的手指（中指）和右手中代表 19 的手指（食指）對起來。

此時，包括相對的兩個手指在內，下面左手有 3 根手指，右手有 4 根手指，和為 7，再乘以 2，結果為 14，所以十位的數字為 14。

上面左手有 2 根手指，右手有 1 根手指，乘積為 2。

百位上加上 2，結果為 342（注意進位），

所以，18×19 ＝ 342。

（2）計算 16×20 ＝ _____。

伸出雙手，手心對著自己，指尖相對。

因為被乘數是 16，乘數是 20，所以把左手中代表 16 的手指（小拇指）和右手中代表 20 的手指（大拇指）對起來。

此時，包括相對的兩個手指在內，下面左手有 1 根手指，右手有 5 根手指，和為 6；再乘以 2，結果為 12。所以十位的數字為 12。

上面左手有 4 根手指，右手有 0 根手指，乘積為 0。

百位上加上 2，結果為 320（注意進位），

所以，16×20 ＝ 320。

（3）計算 19×19 ＝ _____。

伸出雙手，手心對著自己，指尖相對。

因為被乘數是 19，乘數是 19，所以把左手中代表 19 的手指（食指）和右手中代表 19 的手指（食指）對起來。

此時，包括相對的兩個手指在內，下面左手有 4 根手指，右手有 4 根手指，和為 8；再乘以 2，結果為 16，所以十位的數字為 16。

上面左手有 1 根手指，右手有 1 根手指，乘積為 1。

百位上加上 2，結果為 361（注意進位），
所以，$19 \times 19 = 361$。

 練習

（1）計算 $16 \times 16 = $ _____。

（2）計算 $16 \times 19 = $ _____。

（3）計算 $18 \times 17 = $ _____。

電子書購買

爽讀 APP

### 國家圖書館出版品預行編目資料

「數」貴神速！速算大師親授 64 招簡化法則：
補數法、湊整法、節點法、錯位法……找出
正確答題方式，數學不再整天搞事！/ 于雷，
張暉 編著 . -- 第一版 . -- 臺北市：崧燁文化事
業有限公司 , 2023.11
面；　公分
POD 版
ISBN 978-626-357-754-1( 平裝 )
1.CST: 速算
311.16　　112016597

## 「數」貴神速！速算大師親授 64 招簡化法則：補數法、湊整法、節點法、錯位法……找出正確答題方式，數學不再整天搞事！

臉書

編　　　著：于雷，張暉

發 行 人：黃振庭

出 版 者：崧燁文化事業有限公司

發 行 者：崧燁文化事業有限公司

E - m a i l：sonbookservice@gmail.com

粉 絲 頁：https://www.facebook.com/sonbookss/

網　　　址：https://sonbook.net/

地　　　址：台北市中正區重慶南路一段六十一號八樓 815 室

Rm. 815, 8F., No.61, Sec. 1, Chongqing S. Rd., Zhongzheng Dist., Taipei City 100, Taiwan

電　　　話：(02)2370-3310　　　傳　　　真：(02) 2388-1990

印　　　刷：京峯數位服務有限公司

律師顧問：廣華律師事務所 張珮琦律師

定　　　價：320 元

發行日期：2023 年 11 月第一版

◎本書以 POD 印製

Design Assets from Freepik.com